DÉPOT LÉGAL
Seine & Oise
N°

AF499705

NOTIONS PRATIQUES

# DE SCIENCES ET D'HYGIÈNE



À L'USAGE DES ÉCOLES PRIMAIRES ET DES CLASSES ÉLÉMENTAIRES DES LYCÉES ET COLLÈGES

PAR O. PAVETTE

INSPECTEUR PRIMAIRE, OFFICIER DE L'INSTRUCTION PUBLIQUE, OFFICIER DU MÉRITE AGRICOLE

AVEC LA COLLABORATION POUR LES NOTIONS D'HYGIÈNE

De M. GUILLOU

DOCTEUR EN MÉDECINE DE LA FACULTÉ DE PARIS, ANCIEN PROFESSEUR DE L'UNIVERSITÉ, DÉLÉGUÉ CANTONAL, MÉDECIN INSPECTEUR, À LA TREMBLADE (CHARENTE-INFÉRIEURE)

PRÉCÉDÉES D'UNE INTRODUCTION

DE M. G. COMPAYRÉ, RECTEUR DE L'ACADÉMIE DE LYON

Ouvrage orné de 73 figures insérées dans le texte

COURS MOYEN ET SUPÉRIEUR

TROISIÈME ÉDITION

PARIS

LIBRAIRIE CLASSIQUE EUGÈNE BELIN

BELIN FRÈRES

RUE DE VAUGIRARD, 52

1904

SAINT-CLOUD. — IMPRIMERIE BELIN FRÈRES.

# INTRODUCTION

Mon cher Inspecteur primaire,

Je suis heureux que vous m'ayez fourni l'occasion, en me demandant quelques lignes d'introduction pour vos *Notions élémentaires de sciences*, de dire publiquement le bien que je pense de votre petit livre.

Vous avez déjà beaucoup fait, soit par vos écrits sur la matière, soit par votre propagande active de chaque jour, pour développer dans nos écoles l'enseignement agricole élémentaire.

Aujourd'hui, remontant des applications aux principes, vous abordez directement l'étude de ces éléments des sciences physiques et naturelles que, sous l'influence de l'esprit nouveau, les organisateurs de l'enseignement ont récemment inscrits au programme de l'instruction primaire. Nulle étude n'est mieux appropriée aux besoins de nos élèves, et n'est plus apte à leur ouvrir l'esprit en même temps qu'à les munir de connaissances vraiment utiles.

C'est ce qu'avaient déjà compris, aux temps héroïques de la Révolution française, les premiers promoteurs de l'éducation populaire. Condorcet, pour ne citer que celui-là, insistait vivement dans son projet sur l'organisation générale de l'instruction publique pour qu'une place fût accordée aux sciences de la nature. « Chaque école, disait-il, aura un petit cabinet où l'on placera quelques instruments météorologiques ou quelques objets d'histoire naturelle. » Et il faisait valoir, à sa manière, les effets heureux qu'il attendait soit de l'enseignement de la physique, soit d'une étude pratique de l'histoire naturelle. « Des notions élémentaires de physique sont nécessaires, ne fût-ce que pour préserver des sorciers... Personne ne niera d'un autre côté la facilité et l'utilité d'enseigner à connaître les plantes communes les plus utiles ou les plus nuisibles, les animaux du pays, les terres, les pierres qu'il renferme; enfin de donner quelques principes simples d'agriculture et de jardinage. »

Ces études que Condorcet jugeait à la fois faciles et nécessaires, on a mis près de cent ans à les introduire réellement dans les écoles primaires. La loi de 1850 comprenait bien, dans son plan d'études, « des notions de sciences physiques et d'histoire naturelle », mais simplement à titre facultatif; et l'on sait ce que cela veut dire : « facultatif » étant presque synonyme de « superflu ».

Elles sont maintenant obligatoires, et de récentes mesures tendent même à leur assigner une place d'honneur. C'est ainsi que l'arrêté du 29 décembre 1891, modifiant l'épreuve de rédaction du certificat d'études primaires élémentaires, les compte parmi les sujets sur lesquels doivent porter les compositions françaises exigées des candidats.

Le livre que vous publiez aujourd'hui, mon cher inspecteur, a donc, outre ses autres mérites, la bonne fortune de venir à son heure. Il rendra les plus réels services aux maîtres et aux élèves : en donnant aux uns l'exemple des bonnes méthodes dans un enseignement qui n'est pas sans difficultés, quoi qu'en pensât Condorcet; en excitant chez les autres le goût d'un effort intellectuel qui, au premier abord, peut sembler dépasser la portée de leur âge et de leurs aptitudes.

Il ne s'agit pas en effet de faire de nos petits primaires des savants, des naturalistes ou des physiciens. Nous ne songeons pas à faire peser sur ces petits cerveaux de neuf ou de dix ans le poids des lourdes théories scientifiques. Non, mais il convient de leur donner l'habitude de l'observation, de l'expérience; il est nécessaire aussi de leur faire connaître la nature de ce monde extérieur où ils sont appelés à vivre; de leur révéler ces forces naturelles avec lesquelles ils auront à compter, soit pour maintenir et développer leur santé, soit pour exercer les différentes industries qui occuperont leur vie.

C'est le but que vous vous êtes efforcé d'atteindre, et pour y parvenir vous avez cherché à être simple le plus possible, écartant les vaines curiosités de la science pour vous en tenir au strict nécessaire; éliminant de parti pris, quand ils sont inutiles, les grands mots scientifiques; expliquant avec soin les termes techniques quand vous ne pouvez vous dispenser de les employer; indiquant à l'occasion de petites expériences qui parlent aux yeux de l'enfant et qui l'aident à supporter ce qu'il y a nécessairement d'un peu abstrait dans les vérités générales de la science; enfin vous préoccupant toujours des applications pratiques, notamment en ce qui concerne l'hygiène et l'agriculture.

C'est bien dans cet esprit que doivent être composés les livres élémentaires de nos écoles, non avec la prétention de faire parade d'une science pédantesque, mais avec le désir d'être compris, d'exciter l'intérêt, et par conséquent d'être utile. Vous n'avez pas d'autre ambition, mon cher inspecteur, mais cette ambition sera satisfaite, et je souhaite que mes encouragements contribuent à assurer à votre travail le succès dont il est digne.

Gabriel Compayré.

# AVERTISSEMENT

Ce n'est pas, à proprement parler, un nouvel ouvrage que nous présentons aujourd'hui au personnel enseignant : c'est, en ce qui concerne les notions de sciences, le même livre que les *Notions élémentaires de sciences* avec leurs applications à l'agriculture et à l'hygiène. Mais nous avons remplacé les notions d'agriculture — plus spéciales pour les écoles rurales et moins nécessaires pour les jeunes filles, et même pour les garçons des grandes villes — par des notions d'hygiène pratique, qui leur seront plus profitables.

Il faut bien le dire, l'hygiène n'est pas suffisamment enseignée dans les écoles : il y a là une lacune que nous avons voulu combler, en faisant dériver, le plus possible, l'enseignement de l'hygiène de l'enseignement scientifique dont il est en quelque sorte l'application, de façon que les leçons d'hygiène soient des leçons de sciences d'un caractère spécial, utilitaire et pratique.

C'est ce caractère que nous avons voulu donner à notre modeste ouvrage. Nous nous sommes appliqués à combattre principalement un préjugé très répandu et extrêmement redoutable tant pour la santé de notre génération que pour l'avenir même de notre race : nous voulons parler de la mauvaise alimentation des enfants du premier âge.

Il meurt en France, dès la première année de leur existence, 150000 enfants, dont les trois quarts sont victimes de l'ignorance de leurs parents. Si l'on ajoute à cela notre faible natalité, comparée à celle des nations voisines, on voit qu'il y a là un danger national que nous devons combattre avec la dernière énergie. Les médecins font bien tous leurs efforts pour enrayer la mortalité du premier âge, mais quand ils sont appelés il est souvent trop tard, et, malgré leurs efforts, la mort accomplit son œuvre. Il est infiniment plus facile de prévenir le mal que de le guérir.

C'est surtout aux filles, aux futures mères de famille, qu'il faut de bonne heure inculquer les principes salutaires qui, bien appliqués, nous donneront des femmes fortes, des enfants robustes, et nous rendront ainsi notre antique race française, avec toute sa force et toute sa vaillance.

Frappé de l'importance que présente la propagation des notions d'hygiène, M. Huiard, un philanthrope, vient, par un legs, de fonder trois prix spéciaux qui, conformément à l'arrêté ministériel du 25 juillet 1902, seront décernés chaque année aux instituteurs et institutrices publics qui auront obtenu les meilleurs résultats dans l'enseignement de l'hygiène élémentaire.

Dans les écoles mixtes, l'emploi des *Notions pratiques de sciences et d'hygiène* pour les filles pourra avoir lieu concurremment avec les *Notions élémentaires de sciences* avec leurs applications à l'agriculture et à l'hygiène pour les garçons. La première partie de la leçon est la même : notions de sciences. Pendant que les filles inscrivent sur leurs cahiers le résumé de ces notions, le maître continue sa leçon par les applications à l'agriculture; puis, pendant que les garçons en font le résumé, il donne aux filles les notions d'hygiène, qui, parfois, pourront être communes aux deux sexes.

Le bienveillant accueil fait, dans tous les départements, aux *Notions élémentaires de sciences* permet d'espérer que les *Notions pratiques de sciences et d'hygiène* rendront également de grands services.

O. PAVETTE. Dr GUILLOU.

Juillet 1903.

NOTIONS PRATIQUES

# DE SCIENCES ET D'HYGIÈNE

## Premier semestre

## SCIENCES PHYSIQUES

### PREMIÈRE PARTIE

### I. — L'AIR

SOMMAIRE. — 1. Ce que c'est que l'air. — 2. L'*atmosphère*. — 3. L'air n'est pas un corps simple. Sa composition. Importance de l'oxygène. — 4. Avantages de l'air *pur* et de la vie à la campagne. — 5. L'air est également indispensable aux animaux domestiques. Aération des écuries, des étables et des bergeries. — 6. Comment on peut constater la présence de l'air. Le *vent*. Ses inconvénients et ses avantages.

**1.** L'air est un gaz invisible qui nous entoure de toutes parts et qui nous est absolument nécessaire pour vivre : privé d'air, l'homme ne tarderait pas à mourir au bout de quelques instants.

Ce gaz est également indispensable aux animaux ainsi qu'aux végétaux.

**2.** L'air est partout; il forme, tout autour de la surface de la terre, une couche d'une épaisseur de 60 à 80 kilomètres qu'on appelle l'*atmosphère*. Mais à mesure que l'on s'élève dans l'atmosphère, en ballon par exemple, l'air devient de plus en plus rare, parce qu'il se dilate[1]; à une certaine hauteur, 8 kilomètres environ, il n'y en a plus assez pour entretenir la vie et l'on y meurt asphyxié.

1. *Se dilater* veut dire s'étendre, occuper plus de place.

3. L'air n'est pas, comme on pourrait le croire, un corps simple, c'est-à-dire formé simplement d'une seule substance; non, c'est un mélange de deux gaz : l'*oxygène* et l'*azote*. Il renferme, en outre, une très petite quantité d'*acide carbonique* [1], un peu de vapeur d'eau et 1/100 d'un autre gaz appelé *argon* [2], qui est mélangé à l'azote et que l'on a découvert en 1895. L'argon est incolore, inodore et sans saveur; il est un peu plus lourd que l'air.

L'air contient quatre fois plus d'azote que d'oxygène; en d'autres termes il y a, dans 5 litres d'air, près de 4 litres d'azote et seulement 1 litre d'oxygène, soit *quatre cinquièmes d'azote et un cinquième d'oxygène*. On peut s'en rendre compte par l'expérience suivante, qui est très facile à faire. On allume une bougie de 0m,03 ou 0m,04 de longueur, et on la fixe dans une assiette au moyen de quelques gouttes de suif fondu; on verse dans l'assiette une couche d'eau d'un centimètre d'épaisseur, colorée avec un peu de vin ou une liqueur quelconque pour rendre l'expérience plus sensible, et l'on recouvre la bougie avec un verre à boire ou une cloche, comme l'indique la figure. La bougie continue à brûler pendant quelques instants, puis elle pâlit et s'éteint; aussitôt l'eau monte dans le verre à peu près jusqu'au *cinquième* de la hauteur. Le volume de cette eau est évidemment égal à celui du gaz qui a entretenu la combustion de la bougie et qui a disparu. Ce gaz est l'*oxygène*. Celui qui reste dans le verre, dont il occupe les *quatre cinquièmes*, et qui a empêché l'eau de monter jusqu'au sommet, est l'*azote*. Quoique en

Fig. 1.

---

1. *Acide carbonique*. C'est un gaz asphyxiant, qui fait mourir quand on le respire.

2. *Argon*, mot grec signifiant *inactif*. Ce nouveau gaz a été ainsi nommé parce qu'il reste inerte en présence de presque tous les corps, c'est-à-dire qu'il ne se combine pas avec eux.

moins grande quantité, l'oxygène est beaucoup plus important que l'azote : c'est lui qui produit les effets attribués à l'air en ce qui concerne la respiration, l'entretien de la vie, etc. Mais, s'il était seul, il exercerait sur nos organes une action trop vive : l'azote vient modérer son énergie.

**4.** L'air, à la campagne, est *pur;* mais dans les villes il est vicié par l'acide carbonique et certaines substances nuisibles à la santé : il contient des quantités innombrables d'êtres microscopiques[1], *les infiniment petits*[2], dont il faut plus d'un milliard pour peser un gramme. Les admirables travaux d'un grand savant français, M. Pasteur, ont montré que les microbes[3] qui se trouvent dans un air vicié sont probablement la cause d'un grand nombre de maladies contagieuses. C'est pourquoi la vie de la campagne, comme celle du cultivateur, est bien meilleure et plus saine que celle de l'ouvrier des villes.

On dit que *l'air de la campagne nourrit les villageois;* c'est vrai : il est certain que l'air pur et vivifiant, sans cesse renouvelé, qu'on respire à la campagne, entretient la santé et contribue à donner au cultivateur cette force et cette vigueur qui le caractérisent, ainsi que la bonne santé dont il jouit. La preuve, c'est que, toutes les fois qu'on le peut, on envoie les malades des villes en convalescence à la campagne, où ils se rétablissent bien plus vite, grâce à la pureté de l'air qu'ils respirent.

**5.** L'air est également indispensable aux animaux, quels qu'ils soient; c'est une vérité trop souvent méconnue en agriculture : aussi en résulte-t-il parfois des pertes assez considérables. On néglige de ménager, dans les écuries comme dans les étables et dans les bergeries, des ouvertures suffisantes pour assurer l'aération et la venti-

---

1. *Etres microscopiques.* Ce sont des animaux et des végétaux tellement petits qu'ils sont invisibles à l'œil nu et qu'on ne peut les voir qu'à l'aide du *microscope.*

2. *Les infiniment petits.* Ce sont les êtres les plus petits, qu'on ne voit qu'avec les microscopes les plus puissants.

3. *Microbes.* Les microbes sont des espèces de végétaux ou animaux microscopiques qui se multiplient avec une rapidité effrayante.

lation nécessaires, et l'on est tout étonné que, malgré les soins dont on les entoure et la bonne nourriture qu'on leur donne, les animaux domestiques dépérissent et, au moment où l'on ne s'y attend pas, tombent malades et meurent. Les maladies n'ont souvent pas d'autre cause que cette négligence apportée à l'aération des bâtiments. Et c'est facile à comprendre : l'air, n'étant pas renouvelé, se trouve promptement vicié par tous ces animaux qui respirent, pendant un temps plus ou moins long, un air corrompu qui prédispose aux maladies les sujets même les plus robustes.

Les ouvertures doivent être placées dans la partie supérieure des murs, de manière que les courants d'air passent au-dessus des animaux qui, sans cette précaution, se trouveraient exposés, lorsqu'ils ont chaud, à un refroidissement qui pourrait occasionner des maladies et même la mort. Il faut, en outre, que les étables et les écuries soient propres ; pour cela, il est bon que le sol soit cimenté et ait une pente suffisante pour assurer l'écoulement des urines dans la fosse à purin.

**6. Le vent.** — Quoique l'air soit invisible, on peut néanmoins facilement constater sa présence partout où l'on se trouve. Quand nous disons d'une chambre qui ne contient aucun meuble qu'elle est vide, qu'il n'y a rien dedans, nous nous trompons : elle est pleine d'air. Si nous passons rapidement et plusieurs fois de suite un livre ou un journal devant notre figure, nous éprouvons une sensation de fraîcheur causée par l'air que nous avons déplacé : cet air que nous avons mis en mouvement n'est autre chose que le *vent*. Le vent, — qui souffle parfois avec une si grande violence qu'il déracine les arbres et, dans certains pays, produit ces ouragans terribles qui renversent les maisons ou détruisent des villes entières, — est produit par l'agitation d'une masse d'air plus ou moins considérable.

Si le vent présente des inconvénients, il a aussi son utilité : c'est lui qui entraîne la vapeur d'eau produite par la mer et qui la transporte, sous forme de nuages, au-dessus des continents où elle tombe en pluie; il sert à renouveler l'air que nous respirons, à faire marcher les vaisseaux à voiles, les moulins à vent, etc.

Il est encore facile de constater la présence de l'air au moyen d'une expérience très simple. On enfonce verticalement dans l'eau un verre renversé, et l'on constate que l'eau n'y pénètre qu'en petite quantité parce qu'elle en est empêchée par l'air contenu dans le verre. Si l'on penche un peu celui-ci, sans le retirer de l'eau, l'air s'en échappe en bulles visibles et est remplacé par l'eau, qui remplira le verre lorsque l'air sera entièrement sorti.

---

## Ses applications à l'hygiène.

SOMMAIRE. — 7. Transformation, par la respiration, de l'oxygène de l'air en acide carbonique. — 8. Comment on remplace l'air vicié des appartements par de l'air pur. Aération du lit. — 9. Ventilation de la chambre des malades. — 10. Causes qui rendent l'air malsain. Rôle bienfaisant des plantes. — 11. Importance de l'air pur. — 12. Danger des fleurs dans une chambre à coucher. — 13. Où l'on doit placer les tas de fumier. — 14. Ventilation en hiver. — 15. Balayage. Il faut essuyer, mais pas épousseter. — 16. Rôle de l'air dans la *combustion* et dans le *tirage* des cheminées. — 17. Conséquence : moyen d'éteindre facilement un feu de cheminée. — 18. Asphyxie causée par les réchauds. Pendaison. Soins à donner.

**7.** C'est l'oxygène contenu dans l'air qui est indispensable à la vie; or, par la respiration nous transformons cet oxygène en acide carbonique, qui est irrespirable : de là, la nécessité de renouveler l'air afin d'avoir toujours une provision suffisante d'oxygène. C'est pour cela que dans une pièce occupée par un certain nombre de personnes, dans une salle de classe par exemple, la ventilation doit être établie de façon que l'air du dehors vienne remplacer celui de la salle en fournissant à chaque élève une quantité d'oxygène à peu près équivalente à celle qu'il absorbe.

**8.** Pour que nous ayons la quantité d'oxygène qui nous est nécessaire, nous devons donc renouveler le plus souvent possible l'air que nous respirons dans nos appartements. Nous vicions complètement 10 mètres cubes d'air par heure et par personne. En 8 heures, durée ordinaire du sommeil, une seule personne a vicié 80 mètres cubes d'air. Or, une chambre moyenne carrée, mesurant 4 mètres de côté sur 3$^{m}$,50 de hauteur, offre une capacité de 56 mètres cubes. On voit donc que, le matin, non seulement toute l'atmosphère est contaminée, mais encore qu'il y a un fort excédent d'air impur, véritable poison pour l'organisme. C'est pourquoi, dès le matin, il faut ouvrir les portes et les fenêtres de sa chambre à coucher (en évitant, bien entendu, de se placer dans les courants d'air) pour remplacer par un air frais et vivifiant celui qui a été vicié pendant la nuit par la respiration. On doit également aérer le lit et tout ce qui le compose : draps, couvertures, matelas, etc., que l'on déplace afin de les exposer le plus possible à l'air.

**9.** Il est facile de comprendre que, si l'aération et la ventilation[1] de la chambre à coucher sont utiles pour les personnes bien portantes, elles le sont encore davantage pour un malade, car les émanations sortant de son corps sont beaucoup plus malsaines et plus dangereuses à respirer aussi bien pour lui-même que pour ceux qui le soignent. Et cependant il règne, surtout dans les campagnes, cette croyance erronée qu'il ne faut pas renouveler l'air de l'appartement d'un malade, dans la crainte que celui-ci ait froid. Evidemment on doit éviter un refroidissement, qui pourrait être funeste; mais c'est une question de précaution : il suffit que les rideaux du lit soient fermés pendant tout le temps que les fenêtres restent ouvertes et que les courants d'air passent à une certaine distance du malade.

**10.** L'air des autres pièces a également besoin d'être

---

1. *Aération, ventilation. L'aération*, c'est le balayage complet de l'air de la chambre par un violent courant d'air que l'on obtient en ouvrant toutes grandes les portes et les fenêtres. La *ventilation* a pour but d'entretenir la pureté de l'air en le renouvelant peu à peu, surtout à la partie supérieure de la salle.

renouvelé, d'autant plus souvent qu'elles sont moins grandes ou que le nombre des personnes qui s'y réunissent est plus considérable. C'est pour cette raison qu'il est très malsain d'aller s'enfermer dans une salle de café ou de cabaret, car l'air y est promptement vicié par la fumée dû tabac ainsi que par la respiration et les émanations des nombreuses personnes qui s'y trouvent.

Ce n'est pas seulement l'acide carbonique produit par la respiration qui vicie l'air, c'est encore et surtout la vapeur d'eau qui se dégage non seulement des poumons par la respiration mais de toutes les parties du corps par la transpiration. Cette vapeur d'eau renferme une grande quantité de matières d'origine animale, ainsi que des miasmes[1]. L'air vicié occasionne l'*anémie* et quelquefois la *phtisie*[2].

La quantité considérable d'acide carbonique produite par la respiration des hommes et des animaux, par la combustion, etc., et qui est continuellement déversée dans l'air devrait vicier celui-ci d'autant plus que ce gaz, étant plus lourd que l'air, occupe les couches inférieures de l'atmosphère, c'est-à-dire celles dans lesquelles nous vivons; cela n'a pas lieu parce que cette quantité d'acide carbonique diminue sans cesse grâce aux plantes, qui ont la propriété d'absorber ce gaz et de le décomposer, sous l'influence de la lumière solaire, en carbone qu'elles gardent, et en oxygène qui est rendu à l'air : aussi les arbres plantés sur les places publiques, les forêts, les bois, sont très utiles, car ils assainissent l'atmosphère. Il en résulte que la composition de l'air est presque toujours la même.

**11.** L'air n'est pur qu'à la condition d'être souvent renouvelé : l'air stagnant[3], même dans une chambre

---

1. *Miasmes.* Ce sont des émanations malsaines qui proviennent de substances organiques en décomposition et souvent de maladies contagieuses.

2. *Anémie, phtisie.* L'anémie est un appauvrissement du sang; la phtisie, une diminution lente et progressive des forces qui se termine par la mort.

3. *Stagnant* veut dire ici qui ne se renouvelle pas, qui reste à la même place.

inhabitée, est comme l'eau des marécages, il devient malsain et sent mauvais. Or, l'air des appartements et des salles de classe est encore bien pire, parce qu'il a déjà été respiré; c'est de l'air pris et repris vingt fois par minute, et qui est empoisonné par l'acide carbonique et d'autres gaz dangereux s'il n'est pas renouvelé. Cette question est très grave pour les enfants, parce que leurs poumons, étant dans une période de croissance, exigent une grande quantité d'air pur pour se développer. Ils doivent faire de fréquentes promenades ainsi que des exercices gymnastiques qui fortifient la poitrine en faisant pénétrer l'air pur en grande abondance dans toutes les cellules des poumons : ils peuvent ainsi se préserver des terribles maladies de poitrine qui font tant de victimes, et surtout de la *phtisie pulmonaire*[1].

**12.** L'air peut être rendu irrespirable par les fleurs et les plantes, car, pendant la nuit, elles prennent l'oxygène et rejettent de l'acide carbonique en même temps qu'elles dégagent souvent des odeurs fortes très nuisibles; c'est pourquoi il est dangereux de laisser des fleurs, des fruits, du blé, des châtaignes, des pommes de terre, etc., comme on le fait souvent à la campagne, dans les chambres à coucher. Bien des malaises, migraines, etc., n'ont pas d'autre cause.

**13.** A la campagne, l'air est encore vicié trop souvent par les tas de fumier qu'on a la négligence de mettre auprès de la maison d'habitation, ce qui cause plus de maladies qu'on ne se le figure ; on devrait toujours les placer le plus loin possible et surtout de telle façon que les vents régnant habituellement n'en apportent pas les émanations à la maison.

**14.** En hiver, la ventilation est plus nécessaire qu'en toute autre saison parce que l'air est en outre vicié par le chauffage et l'éclairage. Elle est difficile à opérer, attendu qu'on est obligé d'éviter la brusque introduction de l'air

---

1. *Pulmonaire* signifie qui se rapporte aux poumons.

froid du dehors. On peut cependant obtenir ce résultat, d'une manière très simple, en rendant mobile l'une des vitres supérieures de la fenêtre, et en laissant cette vitre entr'ouverte : de cette manière l'air froid descend progressivement dans la chambre sans qu'on s'en trouve incommodé.

Ce procédé de ventilation est très utile dans les salles de classe; cela n'empêche pas d'ouvrir les fenêtres pendant les récréations, afin d'aérer complètement. Au lieu d'une vitre mobile, il est préférable d'installer, quand on le peut, un *vasistas*, espèce de trappe (*fig.* 2) placée à la partie supérieure d'une fenêtre ou dans l'imposte d'une porte, et que l'on ouvre à volonté; il a l'avantage de faire entrer l'air de bas en haut et en quantité plus ou moins grande suivant qu'on l'ouvre plus ou moins.

Fig. 2. — Vasistas.

**15.** L'air contient des poussières qui se déposent dans les appartements et qui peuvent être nuisibles par les germes malsains qu'elles renferment : c'est pourquoi il faut, au moins une fois par jour, nettoyer le sol avec une éponge mouillée, puis essuyer les meubles avec un vieux linge humide qui retient la poussière, et non avec un plumeau qui ne fait que la déplacer, c'est-à-dire qu'on doit essuyer doucement et non épousseter.

Il est prudent de jeter les balayures (ainsi que les poussières qu'on a enlevées en essuyant), soit sur le fumier, soit dans un trou, et de les recouvrir de temps à autre avec un peu de terre, ou des débris de légumes, etc.

**16.** L'air joue un rôle important dans la *combustion*[1] et dans le *tirage* des cheminées. Voici en quelques mots ce qui se passe.

1. *Combustion* veut dire ici action de brûler.

Quand le feu est allumé, l'air, ou plutôt l'oxygène de l'air, entretient et active la combustion : sans air le feu s'éteindrait, de même que l'homme mourrait. Lorsque l'air de la cheminée a été échauffé, il se dilate; il devient alors plus léger que l'air froid qui l'entoure et s'élève dans le tuyau : aussitôt celui de la chambre, qui est plus ou moins vicié par la respiration, se précipite dans la cheminée et est lui-même remplacé par de l'air pur venant du dehors par les fissures[1] des portes et des fenêtres, qu'il ne faut pas boucher complètement par des bourrelets. La cheminée est ainsi le mode de chauffage le plus hygiénique parce que c'est un excellent *appareil de ventilation;* le courant d'air qui s'établit entretient la combustion en même temps qu'il renouvelle l'air de l'appartement : c'est ce qu'on appelle le *tirage* de la cheminée, parce que l'air de la chambre est continuellement *attiré* dans le tuyau, d'où il passe au dehors.

**17.** Cela nous indique le moyen d'éteindre facilement un *feu de cheminée :* il suffit de supprimer le courant d'air. Pour cela on ferme hermétiquement[2] les portes et les fenêtres, puis on étend promptement devant la cheminée un drap (mouillé s'il est possible), de manière que l'air ne puisse passer : peu d'instants après, l'incendie s'éteint. On peut aussi jeter sur le feu quelques poignées de soufre en poudre, parce qu'en brûlant ce corps forme de l'acide sulfureux, gaz qui a la propriété d'arrêter la combustion.

**18. Asphyxie**[3]. — Il y a surtout une chose qu'il ne faut jamais faire sous peine de s'exposer à une mort certaine : c'est de placer, dans la chambre où l'on couche, un réchaud ou un vase quelconque contenant du charbon allumé; voici pourquoi. L'air de la pièce ne pouvant se renouveler, les produits délétères[4] de la combustion

---

1. *Fissure*, petite fente, intervalle que laissent les portes et les fenêtres qui ne ferment pas juste.
2. *Hermétiquement*, complètement, de façon que l'air n'entre pas.
3. *Asphyxie*, suspension ou arrêt de la respiration, qui cause la mort.
4. *Délétères*, irrespirables, qui peuvent faire mourir.

(oxyde de carbone[1] et autres) se dégagent dans la chambre et asphyxient les personnes qui ont eu l'imprudence d'y coucher. Il ne se passe guère d'hiver sans qu'il y ait des accidents de ce genre causés par l'ignorance.

Pour rappeler à la vie une personne asphyxiée par le charbon, il faut l'exposer au grand air, lui asperger le visage avec de l'eau fraîche, lui faire respirer du vinaigre ou de l'éther et ranimer les mouvements respiratoires en employant les moyens indiqués pour l'asphyxie *par submersion*, page 43.

Il en est de même pour l'asphyxie *par strangulation*[2] ou *pendaison;* la première chose à faire, c'est de couper la corde et de l'ôter du cou, sans s'occuper du préjugé[3] qui règne encore parmi les personnes ignorantes et d'après lequel on ne devrait pas couper la corde avant l'arrivée des gendarmes ou du maire. Il est évident que, si le malheureux pendu n'est pas mort (et on ne peut pas savoir s'il l'est), il mourra certainement si l'on ne s'empresse de le délivrer immédiatement.

---

## RÉSUMÉ

1. L'air est un gaz invisible, qui est nécessaire à l'homme, aux animaux et aux végétaux. — 2. Il est partout, et forme, autour de la terre, une couche de plus de 60 kilomètres d'épaisseur, nommée l'*atmosphère.* — 3. C'est un mélange de deux gaz, l'*oxygène* et l'*azote*, dans la proportion de 4/5 d'azote et 1/5 d'oxygène; il renferme un peu d'*acide carbo-*

---

1. *Oxyde de carbone*, gaz formé, comme l'acide carbonique, par la combinaison de l'oxygène avec le carbone, mais qui contient moins d'oxygène que l'acide carbonique. C'est un poison violent, qui est d'autant plus dangereux qu'il n'a pas d'odeur et qu'on ne peut par conséquent s'apercevoir de sa présence.

2. *Strangulation*, étranglement causé par la pression exercée sur le cou au moyen des mains ou d'une corde.

3. *Préjugé*, croyance erronée et absurde causée par l'ignorance, et d'après laquelle certaines choses insignifiantes portent malheur, comme, par exemple, de placer des couteaux en croix, de renverser une salière, de se trouver treize à table, etc., etc.

*nique*, de vapeur d'eau et 1/100 d'un autre gaz appelé *argon*. — 4. La vie à la campagne est meilleure parce que l'air est *pur*, tandis qu'à la ville il est vicié par l'acide carbonique et certaines substances nuisibles à la santé. — 5. Il est indispensable aux animaux domestiques : aussi doit-il y avoir, dans les écuries et dans les étables, des ouvertures, placées dans la partie supérieure des murs afin que les courants d'air passent au-dessus des animaux. — 6. Le *vent* est produit par l'agitation de l'air ; il est très utile, mais quand il souffle avec violence il est nuisible. = 7. Par la respiration, nous transformons l'oxygène de l'air en acide carbonique, qui est irrespirable : d'où la nécessité de ventiler les appartements et les salles de classe. — 8. Le matin, il faut aérer sa chambre à coucher en ouvrant les portes et les fenêtres. — 9. On doit également aérer la chambre d'un malade en fermant les rideaux du lit, et en ayant soin que les courants d'air passent à une certaine distance du malade. — 10. L'air est vicié, non seulement par l'acide carbonique que produit la respiration, mais aussi par la vapeur d'eau provenant de la transpiration. Les plantes purifient l'air parce qu'elles décomposent l'acide carbonique, dont elles prennent seulement le carbone, en laissant l'oxygène dans l'atmosphère. — 11. L'air pur est absolument nécessaire aux enfants : il les préserve des maladies de poitrine, et surtout de la terrible *phtisie pulmonaire*. — 12. Il est dangereux de déposer des fleurs dans une chambre à coucher. — 13. Il est malsain de mettre le tas de fumier auprès de la maison. — 14. C'est surtout en hiver que la ventilation est utile. — 15. Il faut enlever la poussière des appartements en évitant de la déplacer. — 16. C'est l'oxygène de l'air qui entretient la combustion : l'air étant échauffé par le feu se dilate, sort par la cheminée, et est remplacé par de l'air pur venant du dehors. — 17. Il est facile d'éteindre un feu de cheminée en fermant les ouvertures et en étendant un drap mouillé devant la cheminée. — 18. Si l'on avait l'imprudence de mettre dans sa chambre à coucher un réchaud contenant du charbon allumé, on serait asphyxié.

## EXERCICES DE RÉDACTION

### PRÉPARATOIRES A L'EXAMEN DU CERTIFICAT D'ÉTUDES

### I. — L'air.

Dites ce que vous savez sur l'air, son utilité et sa composition; sur le vent : ses avantages et ses inconvénients.

EXEMPLE DU SOMMAIRE QUE L'ON PEUT METTRE AU TABLEAU :

1. Ce que c'est que l'air. — 2. L'atmosphère. — 3. Sa composition. — 4. Avantages de l'air pur. — 5. Le vent : ses avantages et ses inconvénients.

### II. — Restons à la campagne.

Votre cousine, qui habite la ville, vous a engagée à y venir, en vous énumérant tous les avantages qu'on y trouve.

Vous lui écrivez que vous êtes décidée à rester à la campagne, et vous lui expliquez pourquoi, en insistant sur les avantages qu'elle présente, particulièrement au point de vue de la santé, de l'air pur qu'on y respire, etc., etc.

---

## II. — L'AIR (*suite*)

### La pression de l'air ou pression atmosphérique.

SOMMAIRE. — 1. L'air est pesant : un litre d'air pèse $1^{gr},30$. La *pression atmosphérique*. — 2. Son poids : pression de 15 000 kilogrammes exercée sur le corps de l'homme. — 3. Expériences qui prouvent l'existence de la pression atmosphérique.

**1.** L'air est pesant : un litre d'air pèse $1^{gr},30$. Un litre d'eau pesant 1 000 grammes, l'air est sept cent soixante-dix fois moins lourd que l'eau (1 000 grammes : $1^{gr},3 = 770$). En s'échauffant l'air se dilate, ses molécules s'écartent les unes des autres, il devient plus léger.

Quoique l'air soit beaucoup moins lourd que l'eau, il n'en est pas moins vrai que la masse d'air qui constitue l'atmosphère a un poids énorme; les couches supérieures *pressent* sur les couches inférieures, et celles-ci sur la surface de la terre ainsi que sur tous les objets qui s'y trouvent : c'est ce qu'on nomme la *pression atmosphérique*.

**2.** On a calculé, d'après une expérience très simple (qui sera indiquée pour la construction du baromètre), que sur une surface de 1 centimètre carré la pression atmosphérique, c'est-à-dire le poids de l'atmosphère, est de 1033 grammes. Le corps de l'homme ayant une surface de 1 mètre carré et demi, soit 15000 centimètres carrés, supporte par conséquent une pression de $1^{kg},033 \times 15000 = 15000$ kilogrammes environ, c'est-à-dire 15 tonnes! Comment se fait-il que non seulement nous ne sommes pas écrasés par cette pression énorme, mais que nous n'en sommes pas même incommodés? C'est parce qu'elle s'exerce également dans tous les sens, tant à l'intérieur qu'à l'extérieur de notre corps dans lequel se trouvent des fluides[1] qui supportent cette pression, à laquelle ils font équilibre. Et même, ce qui est curieux, c'est que, lorsque cette pression diminue (ce qui a lieu quand le baromètre baisse), nous éprouvons un certain malaise et de la fatigue à remuer nos membres, qui nous paraissent plus pesants, et, par une singulière erreur, nous disons que l'air est *lourd*, alors qu'il est précisément plus léger qu'à l'ordinaire.

**3.** Il est facile, au moyen de deux expériences très simples, de prouver l'existence de la pression atmosphérique :

1° On met dans une carafe des morceaux de papier allumés; l'air intérieur étant échauffé se dilate et une partie sort de la carafe, de sorte que ce qui reste est moins lourd. Si l'on ferme le goulot de la carafe avec un œuf dur dont on a enlevé la coquille, l'air renfermé, étant plus léger, ne fait pas équilibre à la pression atmosphérique qui, pressant sur l'œuf de haut en bas, le fait entrer

---

1. *Fluide* se dit, par opposition à *solide*, des corps liquides ou gazeux.

dans la carafe, dans laquelle il tombe, quelquefois même sans se briser ;

2° On remplit d'eau un verre cylindrique et on le re-

Fig. 3.

couvre d'une feuille de papier que l'on maintient avec la main ; on retourne vivement le verre et l'on retire la main (*fig.* 4) : le papier reste fixé au verre et l'eau ne tombe pas. Pourquoi ? Parce que la feuille de papier est poussée de bas en haut par la pression atmosphérique, qui maintient le liquide avec une force supérieure au poids de l'eau.

Fig. 4.

## BAROMÈTRE. POMPE

SOMMAIRE. — 4. Ce que c'est que le baromètre. Sa construction. — 5. Forme du baromètre. — 6. Son utilité — 7. Autres applications de la pression atmosphérique : *pompe*. — 8. Description de la pompe aspirante. — 9. Son fonctionnement. — 10. Utilité de la pompe.

**4. Baromètre.** — Le *baromètre*[1] est un instrument avec lequel on peut mesurer la pression atmosphérique. Grâce aux expériences qui viennent d'être indiquées, on comprendra mieux celle qui a servi de base à la construction du baromètre.

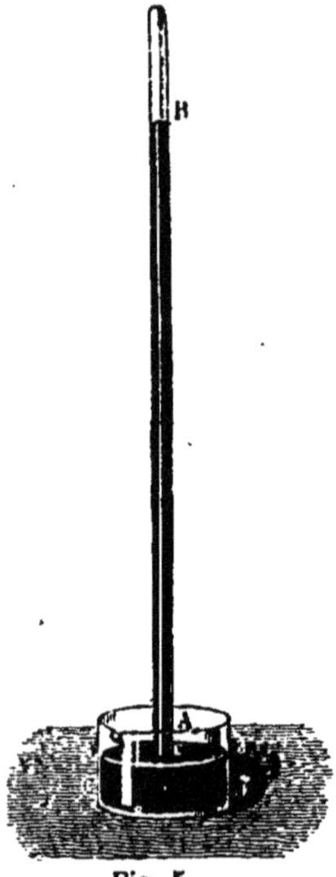

Fig. 5.

On prend un tube de verre d'un mètre de long fermé à l'une de ses extrémités, et on le remplit de mercure[2] sec; on le ferme avec le doigt, puis on le renverse dans un vase contenant du mercure, A (*fig.* 5). Quand on retire le doigt, le mercure s'abaisse un peu dans le tube et s'arrête au point B. La colonne de mercure HE, qui reste dans le tube, a une hauteur de $0^m,76$ environ; l'espace laissé au-dessus du mercure est vide : il n'y a pas d'air.

Pourquoi cette colonne de mercure ne tombe-t-elle pas dans le vase? Parce que la pression atmosphérique qui s'exerce de haut en bas sur la surface du mercure qui se trouve dans ce vase s'exerce aussi, mais

---

1. *Baromètre.* Ce mot est composé de deux parties : *baro*, qui désigne la pesanteur de l'air, c'est-à-dire la pression atmosphérique, et *mètre*, qui signifie *mesure;* de sorte que baromètre veut dire : qui mesure la pression atmosphérique.

2. *Mercure* ou *vif-argent.* C'est un métal liquide qui est 13 fois 1/2 plus lourd que l'eau, c'est-à-dire qu'un litre de mercure pèse $13^{Kgr}$ 1/2 environ, exactement $13^{Kgr},6$.

de bas en haut, sur la colonne de mercure, qu'elle repousse en quelque sorte et qu'elle empêche de tomber, de même que dans l'expérience précédente elle poussait de bas en haut la feuille de papier qu'elle maintenait fixée au verre et empêchait l'eau de tomber.

La densité[1] du mercure étant 13,6, il faudra une colonne d'eau treize fois et six dixièmes de fois plus haute que celle de mercure pour faire équilibre à la pression atmosphérique, soit $0^m,76 \times 13,6 = 10^m,33$. Une colonne d'eau de $10^m,33$ de hauteur et de 1 centimètre carré de base contiendra $0^{mq},0001 \times 10^m,33 = 1^{dmc},033^{cmc}$ ou 1 033 centimètres cubes qui pèsent 1 033 grammes. La pression atmosphérique sur une surface de 1 centimètre carré est donc bien, comme il a été dit en commençant, de 1 033 grammes.

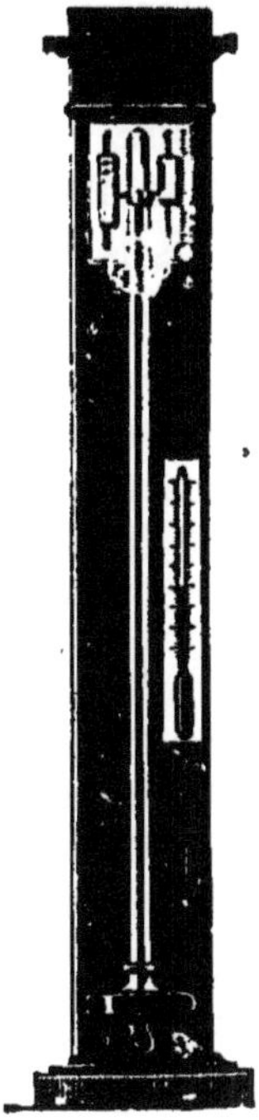

Fig. 6.

**5.** Dans le baromètre, la cuvette à mercure est toute petite, et l'instrument est fixé sur une planchette qui porte quelquefois un thermomètre, comme on le voit dans la figure 6, où il est placé au milieu et à droite. Ou bien, il est muni d'un cadran sur lequel se meut une aiguille, soit à droite, soit à gauche; quand elle tourne à droite, le baromètre monte et c'est généralement signe de beau temps; lorsqu'elle tourne à gauche, il baisse et c'est souvent signe de pluie.

**6.** Le baromètre est très utile, quoique ses indications ne soient pas toujours exactes. On a remarqué qu'en France les pluies sont habituellement apportées par les vents du sud et du sud-ouest, qui viennent de la mer, et qu'ils sont annoncés par une baisse du baromètre, tandis que celui du nord-est amène le beau

1. *Densité.* C'est le nombre indiquant le poids (en kilogrammes pour les liquides et les solides) d'un litre ou d'un décimètre cube d'un corps. Ainsi, quand on dit que la densité du mercure est 13,6, cela signifie qu'un litre de mercure pèse $13^{Kgr},6$.

temps et concorde avec la hausse du baromètre : le vent chaud du sud-ouest, qui a traversé l'océan Atlantique nous amène la pluie neuf fois sur dix. Quand le baromètre subit un abaissement considérable et rapide, cela indique une forte bourrasque[1] ou un orage. Généralement lorsque le temps veut se mettre au beau, c'est-à-dire quand l'air devient plus lourd parce qu'il est moins humide, le baromètre monte lentement; quand il se met à la pluie, c'est-à-dire quand l'air devient plus léger en prenant de l'humidité, le baromètre baisse peu à peu.

7. Parmi les autres applications de la pression atmosphérique, l'une des plus importantes est la *pompe*, qui sert à tirer l'eau d'un puits.

L'expérience suivante, qui est très simple et facile à exécuter, fera parfaitement comprendre le fonctionnement de la pompe. On prend un vase, de préférence en verre (un pot à confiture par exemple), et on l'emplit presque en entier avec de l'eau que l'on colore au moyen d'un peu de vin ou d'une couleur quelconque pour rendre l'expérience plus visible. On y plonge presque à demi, mais bien verticalement, un verre cylindrique comme celui de la figure 4 et l'on constate qu'il n'entre dedans que très peu d'eau. Ensuite, on l'incline légèrement, sans le sortir de l'eau, pour laisser échapper la plus grande partie de l'air qu'il contient; en le redressant verticalement, on s'aperçoit que l'eau a monté dedans et le remplit presque complètement. Pourquoi? Parce qu'une partie de l'air s'étant échappée, la quantité qui reste ne fait plus équilibre à la pression atmosphérique qui, pressant sur l'eau du vase, fait monter celle-ci dans le verre jusqu'à une certaine hauteur.

On pourrait aussi faire cette expérience avec une bouteille en verre blanc bien transparent d'un demi-litre ou bien d'un quart de litre.

---

1. *Bourrasque* veut dire vent très violent, mais de peu de durée.

**8. Pompe.** — La pompe aspirante, qui est la plus usitée, se compose d'un tuyau d'aspiration *b*, dont l'extrémité inférieure plonge dans l'eau du puits ou du réservoir V, et dont l'extrémité supérieure débouche dans le corps de pompe avec lequel elle communique par la soupape d'admission *s*, qui s'ouvre de bas en haut. Dans le corps de pompe se meut, au moyen d'une tige verticale à laquelle il est fixé, un piston *p*, percé d'une ouverture fermée par une soupape de sortie *c*, qui s'ouvre aussi de bas en haut. Enfin, à la partie supérieure du corps de pompe se trouve un tuyau latéral *e*, par lequel l'eau s'écoule.

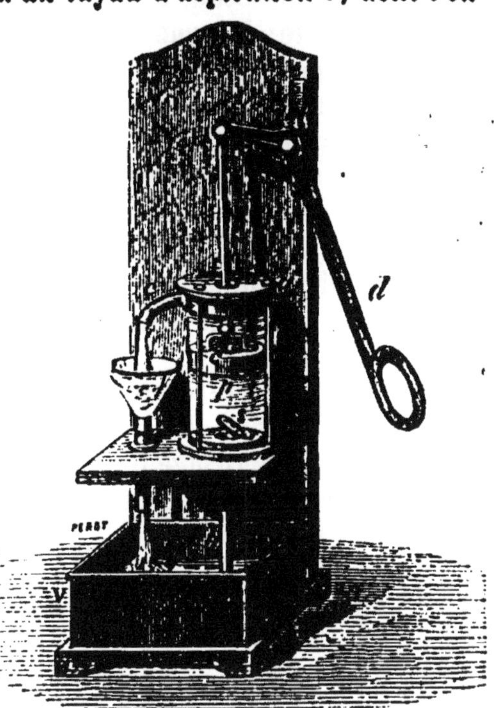

Fig. 7. — Petit modèle de pompe à eau.

**9.** Voici ce qui se passe. Quand on soulève le balancier *d*, le piston descend au fond du corps de pompe : alors la soupape *s* se ferme et l'air qui se trouvait au-dessous du piston, étant pressé par celui-ci, soulève la soupape *c* et s'échappe. Si l'on abaisse le balancier, le piston remonte, la soupape *c* se ferme par l'effet de la pression atmosphérique, et le vide se produit au-dessous du piston : il en résulte que l'air du tuyau d'aspiration passe dans le corps de pompe en soulevant la soupape *s* et que l'eau du puits sur laquelle s'exerce la pression atmosphérique monte un peu dans le tuyau d'aspiration. Au bout d'un certain nombre de coups de piston, l'eau arrive dans le corps de pompe et, pressée par le piston quand celui-ci descend, elle soulève la soupape *c*, qui se referme ensuite; lorsque le piston remonte, il entraîne avec lui l'eau qui le recouvre et qui s'écoule par le tuyau de déversement *e*.

Ce qui se produit quand on boit avec un brin de paille ou chalumeau permet aussi de se rendre compte du fonctionnement de la pompe. En aspirant avec la bouche l'air du chalumeau, on y fait le vide : alors la pression atmosphérique fait monter l'eau dans le tube, de même qu'elle le fait monter dans le tuyau d'aspiration, puis dans le corps de pompe.

**10.** La pompe est très utile, parce qu'il faut une grande quantité d'eau pour les besoins de la maison, pour les animaux, pour l'arrosage du jardin, etc., et il serait très pénible et très long de la puiser avec un seau.

---

## Ses applications à l'hygiène.

### VENTOUSE

SOMMAIRE. — 11. Expérience du verre renversé dans l'eau. — 12. Explication de ce qui s'est passé. — 13. Ce que c'est qu'une ventouse. — 14. Comment on l'applique. — 15. Explication de ce qui se produit.

**11.** La pression atmosphérique n'a guère d'autre application en hygiène que les *ventouses*, dont les expériences suivantes feront mieux comprendre le principe que de longues explications.

Fig. 8.

On prend une assiette dans laquelle on verse une petite couche d'eau colorée avec un peu de vin ou une couleur quelconque; on plonge dans cette eau un verre renversé ou une cloche et on colle dessus, au point A, un petit morceau de papier gommé pour marquer le niveau de l'eau dans le verre (qui est le même que celui de l'eau dans l'assiette).

On retire le verre, et, le tenant toujours renversé, on fait brûler au-dessous et à une certaine distance de l'ouverture, une feuille de papier que l'on a froissée, puis on replonge le verre dans l'eau; au bout de quelques instants on voit le liquide s'élever dans le verre de près de $0^m,02$ au-dessus du niveau A de l'eau dans l'assiette et s'arrêter au point B.

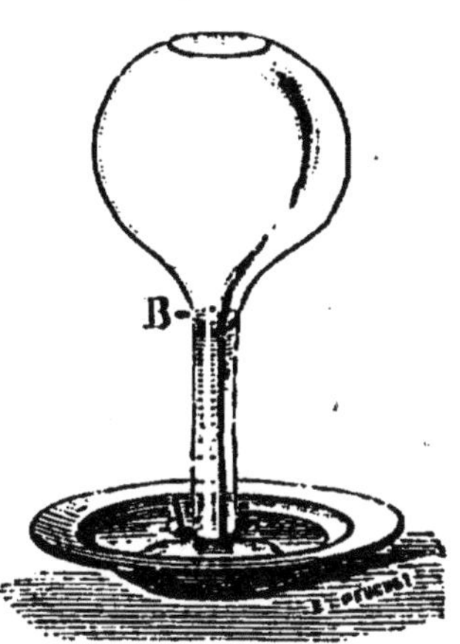

Fig. 9.

Avec une carafe à long col (*fig.* 9) l'expérience est encore bien plus concluante et plus intéressante : l'eau s'élève jusqu'au point B, à une hauteur de plus de $0^m,08$ au-dessus du niveau A de l'eau dans l'assiette.

**12.** Que s'est-il passé dans ces deux expériences? L'air contenu dans le verre et dans la carafe, ayant été échauffé par la flamme du papier, est devenu plus léger que l'air extérieur, de sorte que, placé sur l'eau, il ne fait plus équilibre à la pression atmosphérique qui, pressant sur l'eau du vase, fait monter celle-ci dans le verre, ainsi que dans le goulot de la carafe, bien au-dessus du niveau du liquide contenu dans l'assiette.

**13. Ventouse.** — Il est facile maintenant, grâce à ces expériences, de comprendre ce qui se passe dans l'application des *ventouses*.

Une ventouse est tout simplement un vase en verre (qui peut être remplacé par un verre à boire ordinaire) destiné à faire le vide sur un point quelconque de notre corps.

**14.** Pour appliquer une ventouse, on allume un petit morceau de papier que l'on jette dans le fond d'un verre et, un peu avant qu'il ne soit éteint, on place le verre sur la peau, comme l'indique la figure 10. Aussitôt qu'il est posé, on voit la peau entrer dans le verre et devenir plus rouge parce que le sang y arrive en plus grande quantité.

Pour la retirer il suffit d'incliner le verre à droite, par exemple, et, avec le doigt, de peser sur la peau à gauche; l'air entre en sifflant dans la ventouse, qui se trouve détachée.

Les ventouses servent à amener le sang vers une partie du corps où il est nécessaire de l'attirer, par exemple, dans certains cas, à la poitrine ou dans le dos. On en met plusieurs les unes à côté des autres, et on les laisse ordinairement en place pendant un quart d'heure. Elles sont très utiles dans les cas d'asphyxie par la privation de l'air, comme chez les pendus et les noyés : on couvre leur poitrine de ventouses.

Fig. 10.

**15.** Voici l'explication de ce qui se produit dans l'application d'une ventouse. L'air contenu dans le verre, étant devenu plus léger parce qu'il a été échauffé, ne fait plus équilibre à la pression atmosphérique qui s'exerce à l'intérieur de notre corps et qui pousse alors le sang à s'élever dans la ventouse, absolument comme l'eau montait dans le verre et dans la carafe des expériences précédentes (*fig.* 8 et 9).

---

## RÉSUMÉ

1. 2. L'air est pesant : 1 litre pèse $1^{gr},3$, c'est-à-dire sept cents fois moins que l'eau, mais le poids de l'atmosphère, ou *pression atmosphérique*, est énorme. Sur une surface de 1 centimètre carré, cette pression est de 1 033 grammes. — 3. On montre l'existence de la pression atmosphérique en faisant entrer un œuf dur dans une carafe contenant des morceaux de papier allumés, ou en renversant un verre plein d'eau recouvert d'une feuille de papier. = 4. Le *baromètre* est un instrument avec lequel on peut mesurer la pression atmosphérique ; il se compose d'un tube en verre, presque plein de mercure, renversé dans une cuvette de mercure. —

5. Le baromètre à mercure est fixé sur une planchette, ou bien il est muni d'un cadran. — 6. Lorsque le baromètre monte, il est probable qu'il fera beau temps, et, quand il baisse, qu'il pleuvra. — 7. En plongeant verticalement un verre dans l'eau, puis en l'inclinant un peu, l'air qu'il contenait s'échappe et l'eau monte dans le verre. — 8. 9. La pompe aspirante se compose d'un tuyau d'aspiration plongeant dans le puits, d'un piston enfermé dans le corps de pompe, et d'un balancier faisant monter et descendre le piston. — 10. La pompe est très utile. = 11. 12. En faisant brûler du papier au-dessous d'un verre renversé, puis en plongeant ce verre dans l'eau, on voit le liquide s'élever dans le verre, parce que l'air échauffé, étant devenu plus léger, ne fait plus équilibre à la pression atmosphérique, qui fait monter l'eau dans le verre. — 13. 14. 15. Une *ventouse* est un verre dans lequel on jette un morceau de papier allumé, et que l'on place sur la peau.

---

## EXERCICE DE RÉDACTION

### PRÉPARATOIRE A L'EXAMEN DU CERTIFICAT D'ÉTUDES

**La pompe.**

On vient de remplacer par une pompe le puits de l'école, qui était très profond. Vous avez suivi avec attention tous les travaux qui ont été faits.

Vous écrivez à une amie pour lui annoncer cela. Vous lui exposerez ce qui se passe dans le fonctionnement de la pompe aspirante, dont vous lui ferez la description, en lui disant de quoi elle est l'application.

---

## III. — L'EAU

Sommaire. — 1. Ce que c'est que l'eau. Son utilité. Ses inconvénients. — 2. Sa couleur. — 3. L'eau n'est pas un corps simple. Sa composition : oxygène et hydrogène. — 4. Eau *pure*. — 5. Son origine. La pluie. — 6. Expérience. — 7. Distillation : alambic. Eau distillée. — 8. Les trois états de l'eau.

**1.** L'eau est un liquide transparent[1], sans saveur ni

1. *Transparent.* Cela veut dire qu'on peut voir les objets à travers l'eau.

odeur[1], et qui est d'une très grande utilité aussi bien pour l'homme et les animaux que pour les plantes : on peut même dire qu'elle est indispensable à la vie, non pas que le manque d'eau amène la mort, comme la privation d'air, mais les pays où il n'y a pas d'eau sont inhabitables et stériles.

L'eau est également nécessaire aux animaux domestiques. Malheureusement, et c'est une cause de pertes sérieuses pour l'agriculture, on ne se préoccupe pas assez des qualités de celle qu'on leur donne à boire. Le plus souvent ils n'ont pour s'abreuver que l'eau croupissante de la mare, empoisonnée par le purin qui y coule de toutes parts. Et l'on s'étonne ensuite que les animaux dépérissent et deviennent malades; ce qu'il y a d'étonnant, c'est qu'il n'en meure pas un plus grand nombre. On entend des gens dire que cette eau n'est pas si mauvaise qu'on le croit, et ils en donnent comme preuve ce fait que les animaux la préfèrent à l'eau pure. Cela est facile à comprendre : leur goût étant habitué à cette eau amère, ils trouvent que l'eau pure est fade. C'est comme un homme habitué à boire de l'eau-de-vie : si on lui donne du vin, il le trouve fade; il y a là une dépravation du goût. Mais, si l'on accoutume les bestiaux à boire de l'eau potable, ils la préféreront certainement à toute autre et ne s'en porteront que mieux.

L'eau sert encore à éteindre les incendies : les pompiers font usage d'un appareil spécial appelé *pompe à incendie*.

Par contre, l'eau peut devenir très nuisible quand elle arrive trop vite et en trop grande quantité dans les fleuves et dans les rivières : elle cause alors ces terribles inondations qui renversent les maisons, détruisent tout sur leur passage et occasionnent des dégâts incalculables. C'est bien un peu la faute de l'homme, qui a déboisé les montagnes et les forêts, de sorte que la pluie n'étant plus retenue par la terre et par les racines des arbres, au lieu de

1. *Sans saveur*, qui n'a pas de goût. *Sans odeur*, qui ne sent rien.

descendre lentement dans les cours d'eau, s'y précipite en grande quantité et les fait déborder : aussi est-ce un devoir de respecter les arbres et même de contribuer au reboisement autant qu'on le peut.

**2.** L'eau est incolore; mais, vue sous une grande épaisseur, elle paraît verdâtre.

**3.** L'eau n'est pas un corps simple, comme on serait tenté de le croire; c'est une combinaison[1] de deux gaz : l'oxygène et l'hydrogène, que l'on peut, au moyen d'une pile électrique, séparer par l'analyse[2], qui montre qu'il y a deux fois plus d'hydrogène que d'oxygène. La preuve, c'est que si l'on met dans un flacon un volume d'oxygène avec deux volumes d'hydrogène et que l'on enflamme le mélange avec une allumette, une explosion se produit, les deux gaz se combinent et forment de l'eau.

On peut aussi décomposer l'eau d'une manière plus simple. On en remplit un verre ordinaire, cylindrique, et on le renverse dans un vase plein d'eau en l'inclinant un peu. On prend, avec une pince, quelques gros charbons incandescents que l'on plonge dans le vase au-dessous de l'ouverture du verre; l'eau se décompose avec bruit et des bulles de gaz montent dans le verre : c'est de l'hydrogène, avec un peu d'oxyde de carbone produit par la combinaison de l'oxygène et du charbon.

Enfin on décompose encore l'eau par une expérience bien curieuse et facile à faire. On met des rognures de zinc dans un flacon ou dans un bocal à large ouverture *d*, qui contient de l'eau et qui est fermé par un bouchon à deux trous : dans l'un de ces trous on met un roseau *a*

---

1. *Combinaison, mélange.* La combinaison, c'est l'union intime de deux ou plusieurs corps en un seul, ayant des propriétés différentes de celles des corps qui ont servi à le composer, tandis que dans le *mélange* chacun des corps garde ses propriétés particulières. Ainsi, dans l'acide azotique, qui est un liquide, l'oxygène et l'azote sont *combinés :* il est impossible de distinguer l'azote de l'oxygène; tandis que dans l'air ces deux gaz sont simplement *mélangés*, on peut facilement les séparer l'un de l'autre, et chacun d'eux conserve ses propriétés.

2. *Analyse* veut dire décomposition d'un corps en ses différentes parties.

qui plonge dans le liquide, et dans l'autre un roseau *b* dont l'extrémité inférieure est au-dessus de l'eau et dont l'extrémité supérieure est munie d'un petit brin de paille. On verse de l'acide sulfurique, mais peu à la fois, par un cornet en papier *c*, que l'on introduit dans l'ouverture du tube *a;* aussitôt on voit l'eau bouillonner : elle est décomposée et l'hydrogène se dégage par le tube *b*.

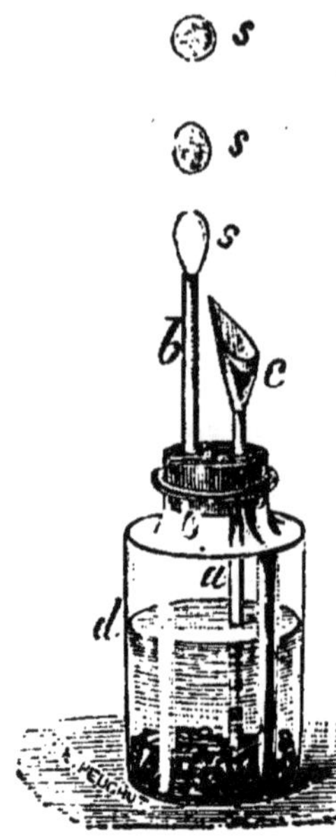

Fig. 11.

En humectant de temps à autre l'extrémité de la paille avec une goutte d'eau de savon, au moyen d'un morceau de papier, on obtiendra des bulles *s* gonflées d'hydrogène qui s'élèveront jusqu'au plafond, où le choc les fera crever.

**4.** L'eau que l'on forme par la combinaison de l'oxygène et de l'hydrogène est de l'eau pure; l'eau *distillée* est aussi de l'eau pure, tandis que l'eau de rivière, de fontaine ou de puits, contient en dissolution différentes substances. Cette eau, en effet, provient de la pluie qui s'est infiltrée dans la terre, où elle a rencontré certains corps qu'elle a dissous[1], tels que le sel, le fer, les calcaires, etc. Elle renferme, en outre, de l'air en dissolution, plus riche en oxygène que l'air atmosphérique, et qui sert à la respiration des poissons ainsi que des autres animaux aquatiques.

Il est facile de constater la présence de l'air dans l'eau. On n'a qu'à en mettre sur le feu dans un vase quelconque; quand elle est suffisamment chaude, on voit des bulles de gaz se dégager : c'est l'air dissous qui s'échappe. Il se dégage aussi de l'eau quand elle se congèle : ce sont des

---

1. *Dissous*, c'est-à-dire qu'elle a divisés, qu'elle a rendus liquides en les faisant fondre comme on fait fondre (ou plutôt dissoudre) un morceau de sucre dans un verre d'eau.

bulles d'air que l'on voit dans la glace des fossés lorsque l'eau est congelée.

**5.** L'eau qui est à la surface de la terre, aussi bien celle des fleuves et des rivières que celle des sources, des puits et des fontaines, a la même origine : elle vient de la mer. Voici comment :

La chaleur du soleil fait évaporer l'eau de la mer, c'est-à-dire la transforme en *vapeur* invisible plus légère que l'air. Cette vapeur s'élève dans l'atmosphère, où elle forme les *nuages*, qui se déplacent suivant la direction du vent. Lorsque ceux-ci rencontrent un courant d'air froid, la vapeur d'eau qu'ils contiennent se condense[1] et tombe sur la terre sous forme de pluie, ou de neige si le courant d'air est assez froid. La pluie pénètre dans la terre, va alimenter les sources, les puits et les fontaines, et se rend ensuite dans les rivières et dans les fleuves, qui la ramènent à la mer, d'où elle est de nouveau évaporée pour recommencer son perpétuel voyage[2] de circulation. De sorte que l'on peut dire que les cours d'eau fournissent à la mer l'eau qu'elle leur renverra sous forme de pluie après avoir été évaporée.

**6.** Une expérience très simple donnera une idée exacte de ce qui se passe dans la nature.

On met de l'eau au feu, dans un vase quelconque; lorsqu'elle bout, on place au-dessus une assiette renversée qui reçoit la vapeur d'eau; celle-ci, au contact de l'assiette qui est froide, se condense sous forme de gouttelettes, et en inclinant l'assiette ces gouttelettes tombent dans un autre vase placé au-dessous pour les recevoir. En continuant l'expérience, on recueillerait dans le second vase toute l'eau du premier. On pourrait recommencer à faire bouillir l'eau et le même phénomène[3] se reproduirait indéfiniment.

---

1. *Se condense*, c.-à-d. que les molécules se rapprochent, se serrent les unes contre les autres et se réunissent pour former les gouttes d'eau.
2. *Perpétuel voyage* signifie voyage continuel, qui dure toujours.
3. *Phénomène.* On donne ce nom à tout ce qui apparaît, aux différents effets qu'on remarque dans la nature.

L'eau du vase représente celle de la mer; la chaleur du feu, celle du soleil; l'assiette froide qui condense la vapeur d'eau et la fait tomber en gouttelettes, le courant d'air froid qui condense également la vapeur d'eau contenue dans les nuages et la fait tomber en pluie sur la terre.

**7. Alambic.** — La distillation de l'eau au moyen d'un *alambic* en donne également une idée très juste. On

Fig. 12.

fait bouillir l'eau dans un vase fermé A dont le couvercle B communique par un gros tuyau avec un autre tuyau C, appelé *serpentin* à cause de sa forme, et qui plonge dans un réservoir d'eau froide souvent renouvelée, dont le trop-plein se déverse dans un seau par le tuyau E. La vapeur se rend dans le couvercle et de là passe, par le gros tuyau, dans le serpentin, où elle se refroidit de plus en plus : alors elle se condense en eau *pure* ou *distillée* qui coule dans un flacon.

C'est par la distillation qu'on purifie l'eau en lui enlevant toutes les substances étrangères qu'elle renferme, aussi bien les gaz que les sels qu'elle tient en dissolution : c'est pourquoi l'eau distillée, n'étant plus aérée, n'est pas bonne à boire. Pour s'en servir, il faut l'agiter et la battre afin de l'aérer.

**8.** L'eau peut prendre les trois états des corps : 1° l'état *gazeux :* c'est la *vapeur d'eau;* 2° l'état *liquide :* c'est l'*eau* proprement dite; 3° l'état *solide :* c'est la *glace.*

Ainsi, mettons un morceau de glace dans une casserole placée sur le poêle, ou sur le feu, cette glace fond, c'est-à-dire qu'elle redevient de l'eau, et, si nous chauffons cette eau, elle bout et se transforme en un gaz nommé vapeur d'eau.

---

## Ses applications à l'hygiène.

SOMMAIRE. — 9. Usages de l'eau : 1° *comme boisson.* — 10. Ce que c'est que l'eau potable. — 11. Filtre. — 12. Eau bouillie. — 13. Danger, quand on est en sueur, de boire de l'eau froide, de se mettre dans un courant d'air ou de se coucher sous un arbre. — 14. Eaux minérales. — 15. 2° *Pour faire la cuisine.* — 16. 3° *Pour les soins de propreté.* Nécessité des bains : chauds ou froids. — 17. Asphyxie : premiers soins à donner aux noyés. — 18. 4° *Pour le blanchissage du linge. Lessive.* — 19. 5° *Pour le lavage des habitations.* — 20. Utilité de la pluie au point de vue de la salubrité de l'air.

**9.** L'eau est la boisson la plus saine et la plus hygiénique, à la condition qu'elle soit *potable*, c'est-à-dire bonne à boire, comme est le plus souvent l'eau de source, de puits ou de fontaine. Elle entre pour une très grande part dans la composition de notre corps, puisqu'elle en forme les deux tiers.

**10.** Une eau est potable quand elle est limpide, fraîche, sans odeur et d'une saveur agréable, qu'elle tient en dissolution une certaine quantité d'air et d'acide carbonique, qu'elle peut dissoudre facilement le savon et qu'elle cuit bien les légumes secs.

Lorsque l'eau durcit les légumes, ou que le savon y

forme des grumeaux au lieu de s'y dissoudre, c'est qu'elle renferme du sulfate ou du carbonate de chaux [1], toujours nuisibles à la santé : ce n'est pas une eau potable. De même quand, après avoir été conservée quelque temps dans des vases en terre ou en verre, elle a une mauvaise odeur, c'est qu'elle contient trop de matières organiques, et il faut la rejeter, car elle pourrait occasionner la fièvre muqueuse ou la fièvre typhoïde.

**11. Filtre.** — L'eau de pluie que l'on recueille dans des citernes, à défaut d'eau de source, doit être filtrée, de même que celle des fleuves et des rivières. Il est même utile de toujours filtrer l'eau que l'on boit, parce qu'elle peut être dangereuse pour la santé si elle a passé auprès des fosses d'aisances ou des fumiers.

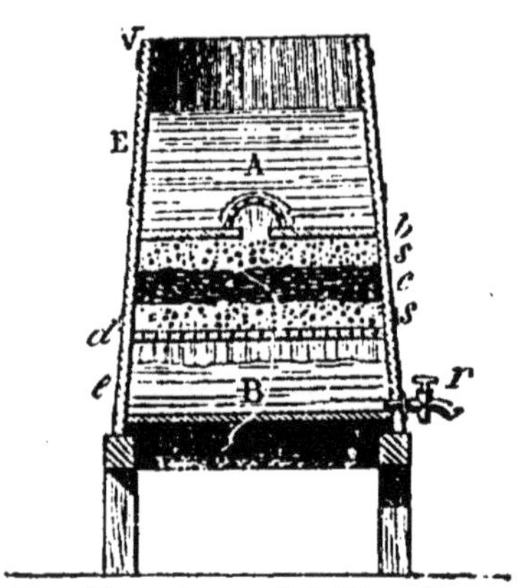

Fig. 13. — Appareil à filtrer l'eau.

On peut fabriquer aisément un filtre économique au moyen d'une petite barrique sciée en deux et munie d'un robinet *r*, ou d'une cannelle. Il est bon de la séparer en trois compartiments par les deux cloisons *b*, *d*, qui sont percées de trous. On met d'abord une couche de sable *s*, puis une couche de charbon de bois *c* et sur celle-ci une autre couche de sable *s*. On verse l'eau en A; après avoir traversé le sable, qui la clarifie, et le charbon, qui la purifie, elle descend dans la partie inférieure B. Le sable et le charbon doivent être remplacés chaque année.

A défaut de barrique, on pourrait se servir d'un seau en zinc auquel on adapte [2] un robinet.

---

1. *Carbonate de chaux, sulfate de chaux.* Ces deux corps sont formés par la combinaison de la chaux avec l'acide carbonique pour le carbonate, avec l'acide sulfurique pour le sulfate. La *craie* est du carbonate de chaux, le *plâtre* est du sulfate de chaux.

2. *On adapte un robinet*, c'est-à-dire on met un robinet.

**12.** On devrait toujours, en temps d'épidémie[1] et surtout s'il s'agit de fièvre typhoïde[2], faire bouillir l'eau que l'on doit boire, afin de tuer les germes qui engendrent cette maladie et qui pénètrent, par infiltration, dans l'eau des puits ou des fontaines, qu'ils empoisonnent. (On doit en outre avoir soin, avant de jeter les déjections des malades, de les désinfecter en y mêlant une petite quantité de *phénol*[3] : faute d'avoir pris cette précaution, on a vu cette redoutable épidémie se répandre et faire de nombreuses victimes.) Lorsque l'eau est refroidie, on la filtre à travers un linge, qui arrêtera les matières coagulées par la chaleur; il faut la battre ensuite comme on fait pour une omelette, afin de l'aérer. On peut aussi désinfecter l'eau à froid avec un peu de permanganate de potasse. Quelques centigrammes par litre suffisent. On agite, on laisse reposer, et l'on décante.

**13.** Quoique l'eau soit une boisson excellente, elle peut cependant occasionner, sinon des maladies, du moins des indispositions assez graves si l'on en abuse, et surtout si l'on boit de l'eau froide, même en petite quantité, lorsqu'on a chaud : dans ce cas on s'expose à contracter une pneumonie ou une pleurésie[4], maladies très graves et quelquefois mortelles nommées vulgairement des *fluxions de poitrine*. Pour éviter cela, on ajoute à l'eau un peu de sucre, ou de café, ou d'eau-de-vie, ou bien on mange quelques bouchées de pain avant de boire, et l'on a soin d'avaler le liquide par petites gorgées après l'avoir laissé séjourner un certain temps dans la bouche, où il s'échauffe un peu.

De même il ne faut pas, quand le corps est en sueur, se placer dans un courant d'air, ou bien se coucher sur

---

1. *Epidémie*, maladie qui attaque un très grand nombre de personnes à la fois.
2. *Fièvre typhoïde*, maladie épidémique et contagieuse, qui se propage surtout par l'eau qu'on boit.
3. *Phénol*. Liquide extrait des huiles lourdes que fournit le goudron produit par la distillation de la houille; c'est le meilleur désinfectant.
4. *Pneumonie, pleurésie*. La pneumonie est une inflammation du tissu spongieux qui forme les poumons; la pleurésie est une inflammation de la membrane appelée *plèvre*, qui tapisse intérieurement la poitrine.

la terre fraîche ou à l'ombre d'un arbre, parce que l'eau qui recouvre la peau s'évapore rapidement, et comme elle a besoin, pour se changer en vapeur, de beaucoup de chaleur, elle emprunte cette chaleur au corps, qui se refroidit : c'est le froid produit par cette évaporation rapide de la transpiration qui occasionne des rhumatismes et peut même amener des indispositions assez graves.

**14.** Enfin, il est des eaux qui contiennent en dissolution quelques substances minérales propres à guérir certaines maladies; on les appelle *eaux minérales :* telles sont les eaux sulfureuses, ferrugineuses, etc. Les principales sont : les eaux de *Vichy* (Allier), pour les maladies d'estomac; celles de *Cauterets* (Hautes-Pyrénées), pour les affections des voies respiratoires, etc.

Lorsqu'elles sont chaudes, on les nomme eaux *thermales.*

**15.** L'eau est encore utile pour faire cuire la plupart de nos aliments, pour faire la soupe, le pot-au-feu, le thé, le café, les tisanes; elle entre également dans la préparation des cataplasmes, des sinapismes[1], etc.

**16.** Tout le monde connaît l'utilité de l'eau pour les soins de propreté. Chaque enfant, avant de venir à l'école, a soin de se débarbouiller et de se laver les dents; quant aux mains, il faut se les laver, non seulement le matin, mais plusieurs fois dans la journée, surtout avant de se mettre à table. Les pieds doivent également être lavés assez souvent; il faudrait prendre, chaque semaine, un et même plusieurs bains de pieds, mais avant le repas. Cela ne suffit pas; notre corps tout entier a besoin d'être nettoyé, parce que la poussière et la sueur bouchent les milliers de pores ou trous imperceptibles dont la peau est percée : de là, la nécessité des lavages et des bains.

Dans les villes, où il y a des établissements spéciaux,

---

1. *Cataplasme, sinapisme.* Le cataplasme est un médicament très simple de la consistance d'une bouillie épaisse, que l'on forme avec des poudres ou des farines cuites à l'eau, et que l'on applique sur la partie malade; le sinapisme est une espèce de cataplasme ainsi appelé parce qu'il est fait avec de la farine de graine de *moutarde*, que l'on délaye avec de l'eau froide ou simplement tiède.

il est bon de prendre, de temps à autre, un bain chaud. A la campagne, on peut y suppléer par des lavages avec une grosse éponge imbibée d'eau à la température de la chambre; pour les enfants et les vieillards, l'eau tiède est préférable. En été, partout où il y a un cours d'eau, on peut se baigner. Les enfants doivent être très prudents et ne se baigner qu'avec leurs parents, ou des personnes raisonnables, pour n'être pas exposés à se noyer, et se rappeler qu'il ne faut jamais se mettre dans l'eau après le repas, qu'il s'agisse d'un bain froid ou d'un bain chaud;

Fig. 14.

il faut, au moins, un intervalle de quatre ou cinq heures, afin que la digestion soit complètement terminée : autrement on s'expose à une violente indigestion et même à une congestion, qui est presque toujours mortelle.

**17. Asphyxie par submersion.** — Malgré toutes les précautions, il peut arriver qu'un enfant (ou une grande personne) se noie en se baignant : c'est ce qu'on appelle l'asphyxie par submersion[1]. Voici ce que ses cama-

1. *Asphyxie par submersion*, c'est-à-dire causée par l'eau dans laquelle on a la tête plongée.

rades doivent faire pour le rappeler à la vie, pendant que l'un d'eux court chercher le médecin.

Après l'avoir retiré de l'eau, on doit se garder de le suspendre par les pieds sous prétexte de lui faire rendre l'eau qu'il a avalée : on le ferait mourir immédiatement. On l'enveloppe promptement, puis on le couche, le corps incliné à droite et la tête placée sur un appui, de manière qu'elle soit plus élevée que les pieds. On enlève ensuite les corps étrangers ou la vase qui ferment la bouche et les narines; si les dents sont serrées, on les desserre avec un couteau ou un morceau de bois. Alors on essaye de rétablir la respiration, qui s'était arrêtée; pour cela, on pèse doucement sur le bas-ventre en faisant glisser les mains de bas en haut, puis sur chaque côté de la poitrine, de manière à imiter les mouvements de la respiration, pendant qu'une autre personne écarte les bras du noyé et les élève au-dessus de sa tête plusieurs fois de suite. Une autre enfin lui souffle directement de l'air dans la poitrine avec un tuyau ou bien un soufflet, ou, à défaut, avec sa bouche en lui fermant les narines.

Un procédé peu connu, mais qui est le plus efficace, ce sont les *tractions rythmées* de la langue. Voici comment on opère. On desserre les mâchoires avec un couteau; on saisit la langue avec un linge (ou un mouchoir), et on la tire, à intervalles réguliers correspondant aux mouvements respiratoires, de façon à la faire sortir de $0^m,04$ ou $0^m,05$ hors de la bouche, pendant que de l'autre main on opère, sur la poitrine, la respiration artificielle.

Il ne faut pas se décourager : on a vu des noyés qui ne sont revenus à la vie qu'après dix heures de soins appliqués avec persévérance. Quand le malade a repris connaissance, on le transporte avec précaution dans une maison voisine, on le couche dans un lit bien chaud et on lui fait avaler une cuillerée d'eau-de-vie.

Surtout ne vous préoccupez pas du préjugé qui existe encore dans certaines localités arriérées, d'après lequel on devrait laisser dans l'eau les pieds du noyé jusqu'à l'arrivée du maire ou des gendarmes : c'est une absurdité qui peut causer la mort du noyé, parce que la fraîcheur de l'eau empêche le corps de se réchauffer et, par suite, empêche aussi la circulation de se rétablir.

Il est très utile de savoir si une personne est réellement morte. Voici à quel signe on le reconnaît : je le tiens d'un des plus célèbres médecins de Paris. Quand on croit qu'une personne vient de mourir, il faut lui prendre la main et le bras : s'ils sont froids, on est sûr qu'elle n'est pas morte, elle est en léthargie ou en catalepsie ; car, aussitôt que la mort est survenue, la main et le bras sont chauds, parce que la chaleur du corps se répand à la surface des membres ; ceux-ci ne deviennent froids que cinq ou six heures après la mort.

Voici encore d'autres signes de la mort réelle :

Les battements du cœur ont cessé complètement ; la respiration est abolie, ce que l'on constate en présentant une glace bien propre devant la bouche du défunt : si cette glace ne se ternit pas, c'est qu'il ne respire plus, et la personne est bien morte. Les pupilles sont dilatées. Au bout de quelque temps, avec le refroidissement survient la raideur cadavérique.

Un excellent moyen, c'est d'appliquer sur la peau un marteau tenu quelque temps dans l'eau bouillante. S'il survient de la rougeur et une vésicule, la vie subsiste encore. Si la peau reste pâle et flétrie, c'est que la mort est véritable.

Dans le doute, il faut attendre un commencement de putréfaction. En effet, c'est le seul signe de mort absolument certain. Ce serait si affreux d'être enterré vivant.

**18.** L'eau n'est pas moins nécessaire pour le blanchissage du linge. L'hygiène exige que nous changions de linge assez souvent ; avant de les employer de nouveau, les draps de lit, les chemises, les mouchoirs, les serviettes, etc., ont besoin d'être mis à la lessive afin d'être nettoyés et lavés.

Voici en quelques mots l'explication de ce qui se passe. D'abord on savonne le linge à l'eau froide, afin d'enlever certaines taches, comme la sueur et l'albumine des œufs, que l'eau chaude ne ferait pas disparaître, mais au contraire fixerait sur le linge en les coagulant. Ensuite, il est disposé par couches dans un cuvier ou dans une lessiveuse et arrosé pendant plusieurs heures avec une lessive bouillante.

Les cendres de bois que l'on place dans cette lessive contiennent de la *potasse*, que l'eau chaude dissout et, par son passage à travers le linge, met en contact avec les taches d'huile ou de graisse. Or, la potasse a la propriété de s'unir avec ces corps gras pour former du savon, qui est soluble dans l'eau ; de sorte que partout où la potasse rencontre une matière grasse, elle s'en empare et l'entraîne sous forme de savon qui se dissout dans l'eau et sert, à son tour, à enlever les autres impuretés du linge. Comme elles ne disparaissent pas complètement, il faut, quand la lessive est faite, laver le linge en le frottant avec du savon, puis le rincer à l'eau claire.

**19.** L'eau sert encore au lavage de la vaisselle, des ustensiles de cuisine et des différentes parties de l'habitation : planchers, fenêtres, etc. Il ne faut pas oublier non plus le lavage des lieux d'aisances, surtout dans les écoles, et, dans les fermes, des écuries, des étables, des bergeries, etc.

**20.** La pluie a une autre influence au point de vue de l'hygiène; elle contribue à la salubrité de l'air en débarrassant l'atmosphère des poussières vivantes qui s'y trouvent toujours en plus ou moins grande quantité, et qui sont dangereuses parce qu'elles propagent les épidémies : la pluie, en tombant, ramasse ces germes malsains et les entraîne avec elle sur la terre.

---

## RÉSUMÉ

**1. 2.** L'eau est un liquide transparent, sans saveur ni odeur, et qui est très utile. Elle est incolore. — **3.** Elle est formée par la combinaison de deux gaz : l'oxygène et l'hydrogène; on peut la décomposer, par exemple, avec des charbons incandescents. — **4.** L'eau *pure*, comme l'eau *dis-*

*tillée*, ne contient aucune substance étrangère. — **5.** La chaleur du soleil fait évaporer l'eau : la *vapeur* ainsi formée s'élève dans l'atmosphère et forme les *nuages*, d'où elle tombe en pluie. — **6.** La même chose a lieu quand on fait bouillir de l'eau et qu'on place au-dessus une assiette renversée. — **7.** Il en est de même dans un *alambic* : l'eau que l'on obtient est *pure*, ou *distillée*. — **8.** L'eau peut prendre les trois états des corps : 1° l'état *gazeux* : c'est la *vapeur d'eau*; 2° l'état *liquide* : c'est l'*eau*; 3° l'état *solide* : c'est la *glacè*. = **9. 10.** L'eau est la boisson la plus saine, pourvu qu'elle soit *potable*, c'est-à-dire limpide, fraîche et sans odeur ; il faut, de plus, qu'elle puisse dissoudre le savon et cuire les légumes. — **11. 12.** Il est prudent de filtrer l'eau en la faisant passer sur des couches alternatives de sable et de charbon de bois. Il faut la faire bouillir en temps d'épidémie. — **13.** Quand on a chaud, on ne doit jamais boire d'eau fraîche, ni se placer dans un courant d'air, ni se coucher sur le sol ou à l'ombre d'un arbre. — **14.** Les *eaux minérales* guérissent certaines maladies. — **15. 16.** L'eau est utile pour faire la cuisine. Elle est indispensable pour les soins de propreté. — **17.** Dans l'asphyxie par submersion, il faut chercher à rétablir la respiration. — **18. 19.** L'eau est nécessaire pour le blanchissage du linge et le lavage des habitations. — **20.** Enfin, elle contribue à la salubrité de l'air, en débarrassant l'atmosphère des poussières malsaines qui s'y trouvent.

---

## EXERCICES DE RÉDACTION

PRÉPARATOIRES A L'EXAMEN DU CERTIFICAT D'ÉTUDES

### I. — Histoire d'une goutte d'eau.

Racontez l'histoire d'une goutte d'eau depuis sa chute sur la terre jusqu'au moment où elle retourne dans le nuage d'où elle vient; vous direz ce qu'elle devient après être tombée sur le sol et vous exposerez les services que rend l'eau au point de vue de l'hygiène.

### II. — Utilité de l'eau.

Dites ce que vous savez sur l'utilité de l'eau : 1° comme boisson; 2° pour la cuisine; 3° pour les soins de propreté et le lavage des habitations; 4° pour la salubrité de l'air.

### III. — La lessive.

Votre amie vous a écrit pour vous inviter à aller la voir la semaine prochaine afin que vous lui montriez à faire la lessive, dont sa mère ne peut s'occuper parce qu'elle est malade.

Ne pouvant vous y rendre, vous lui écrivez pour lui en exprimer vos regrets, et en même temps vous lui dites comment elle doit s'y prendre; vous lui expliquez ce qui se passe dans la lessive, comment les taches de graisse et autres sont enlevées, et pourquoi il faut ensuite laver le linge qu'on a mis à la lessive.

---

## IV. — L'EAU (*suite*)

### La vapeur d'eau : brouillards et nuages; rosée et gelée blanche.

Sommaire. — 1. Ce que c'est que la *vapeur d'eau*. — 2. Expérience du verre d'eau sucrée. Ce qui arrive quand l'eau est *saturée*. — 3. L'air dissout la vapeur d'eau; formation des *brouillards* et des *nuages*. — 4. Comment se produit : 1° la *rosée*; 2° la *gelée blanche*. — 5. Transformation de la vapeur d'eau en brouillard ou en nuage, en rosée ou en gelée blanche. — 6. *Evaporation* et *vaporisation*. *Ebullition*.

**1.** Comme son nom l'indique, la vapeur d'eau est de l'eau que la chaleur a transformée[1] en vapeur, c'est-à-dire en un gaz plus léger que l'air, qui s'élève dans l'atmosphère, où elle subit différentes transformations.

La vapeur d'eau est invisible, parce que l'air la dissout à mesure qu'elle se forme. Il se produit un phénomène analogue à celui qui a lieu quand on met un morceau de sucre dans l'eau. C'est une expérience intéressante à faire, parce qu'elle permet de mieux comprendre ce qui se passe dans l'air.

**2.** On verse de l'eau dans un verre et on y met un morceau de sucre qui se dissout assez vite : au bout de quelques instants, il n'y a plus de traces de sucre et on

---

1. *Transformée*, c'est-à-dire changée.

ne voit aucune différence entre l'eau sucrée et celle qui ne l'est pas. On y met successivement plusieurs morceaux, qui se dissolvent de la même manière, jusqu'au moment où l'un d'eux, au lieu de se dissoudre, reste au fond du verre : alors l'eau est *saturée* de sucre, c'est-à-dire qu'elle ne peut pas en dissoudre une plus grande quantité. On fait chauffer cette eau et l'on constate que non seulement le dernier morceau se dissout à son tour dans l'eau chaude, mais d'autres morceaux qu'on y ajoute encore, jusqu'à ce que cette eau soit de nouveau saturée; si on la laisse alors refroidir, la quantité de sucre qui se trouve au fond du verre augmente avec le refroidissement, et, si l'on versait l'eau sucrée dans une assiette, elle s'évaporerait, laissant au fond tout le sucre que l'on avait mis dans le verre.

**3. Brouillards et nuages.** — Eh bien! il se produit un phénomène analogue dans l'atmosphère. L'air dissout la vapeur d'eau qui se dégage constamment des mers, des cours d'eau, etc., jusqu'à ce qu'il en soit saturé; plus il est chaud, plus il en dissout jusqu'à ce qu'il en soit également saturé. A partir de ce moment, la vapeur d'eau, n'étant plus dissoute, se condense et devient visible sous forme de gouttelettes extrêmement petites qui s'accumulent et constituent les *brouillards* ou les *nuages :* si elles restent près de la terre, ce sont les *brouillards;* si elles s'élèvent à une certaine hauteur dans l'atmosphère, ce sont les *nuages.*

De sorte qu'en réalité, les nuages et les brouillards c'est la même chose, puisque les uns et les autres sont formés de la même manière. La preuve, c'est que le voyageur qui se trouve au pied d'une montagne dont le sommet lui est caché par un nuage constate, lorsqu'il est arrivé au-dessus du nuage, que ce dernier est alors un brouillard l'empêchant de voir l'endroit d'où il est parti.

La même chose a lieu quand l'air se refroidit : la vapeur d'eau se condense et il se forme également des brouillards ou des nuages.

**4. Rosée.** — Pendant le jour, la terre est chauffée

par les rayons du soleil; mais pendant la nuit elle rayonne[1], c'est-à-dire renvoie dans l'espace la chaleur qu'elle a reçue, de sorte que sa surface se refroidit, ainsi que les plantes qui la recouvrent; il en résulte que la vapeur d'eau contenue dans l'air se condense en petites gouttelettes qui viennent se déposer sur les brins d'herbe et sur les feuilles des plantes : cela s'appelle la *rosée*. C'est ce qui se produit, surtout en été, quand on place une carafe d'eau fraîche sur une table : au contact de la surface froide de cette carafe, la vapeur d'eau contenue dans la chambre se condense en petites gouttelettes qui se déposent sur la carafe.

**Gelée blanche.** — Lorsque le refroidissement augmente assez pour que la température du sol s'abaisse au-dessous de zéro, les gouttes de rosée se congèlent et forment la *gelée blanche*, qui est de la rosée très refroidie. C'est aussi ce qui a lieu en hiver sur les vitres de nos appartements, pendant la nuit : le froid du dehors abaisse la température des vitres, de sorte qu'à leur contact la vapeur d'eau contenue dans la chambre se condense en gouttelettes qui se congèlent et forment cette couche blanche couvrant les vitres de dessins curieux et assez réguliers.

5. En résumé, le brouillard et le nuage, la rosée et la gelée blanche ont une même origine : tous sont produits par la vapeur d'eau; celle-ci a donc une importance considérable, puisque s'il n'y en avait pas dans l'air il n'y aurait ni pluie ni neige et, par suite, ni rivières ni sources, de sorte que les animaux et les plantes ne pourraient pas vivre, ni l'homme non plus.

**6. Evaporation, vaporisation.** — Lorsque l'eau se transforme lentement en vapeur, on dit qu'elle s'*évapore* : c'est ce qui a lieu dans la mer, où la surface de l'eau est changée lentement en vapeur par la chaleur du soleil.

---

1. *Rayonner* signifie lancer, renvoyer la chaleur.

L'évaporation d'un liquide refroidit ce liquide et les corps environnants.

Quand la vapeur d'eau se forme rapidement, on dit qu'il y a *vaporisation :* c'est ce qui se produit quand on met sur le feu un vase rempli d'eau. Au bout de peu de temps, toute l'eau entre en *ébullition*, c'est-à-dire qu'elle bout, se vaporise.

---

## Ses applications à l'hygiène.

SOMMAIRE. — 7. Utilisation de la vapeur d'eau : chauffage des appartements. — 8. Inconvénients des brouillards et de l'humidité. Choix de l'emplacement pour la construction d'une maison.

**7.** La vapeur d'eau est utilisée pour le chauffage des habitations, au moyen de calorifères[1] qui font bouillir l'eau et envoient la vapeur dans des tuyaux traversant les appartements ; en se condensant au contact des tuyaux, la vapeur d'eau leur cède sa chaleur qui se répand dans la pièce et la chauffe. L'eau ainsi formée redescend dans la chaudière pour être de nouveau vaporisée.

Tout le monde sait que la vapeur d'eau joue un grand rôle dans l'industrie : c'est elle qui fait marcher les chemins de fer au moyen des locomotives, les bateaux à vapeur, etc. C'est un Français, Denis Papin, célèbre physicien du dix-septième siècle, qui, le premier, l'a employée dans une *machine à vapeur* de son invention.

**8.** On entend souvent dire que les brouillards sont malsains et c'est vrai. L'air, quand il est trop humide, exerce une fâcheuse influence sur la santé, surtout en hiver ; l'humidité persistante empêche l'évaporation des liquides de la peau, ce qui produit des malaises et même des maladies.

---

1. *Calorifère.* C'est un appareil de chauffage.

C'est pour cela qu'il est prudent de ne pas s'exposer à l'action de l'humidité et, autant que possible, de ne pas sortir le matin avant que le brouillard ne soit dissipé.

Les habitations humides sont très malsaines et occasionnent certaines maladies telles que les rhumatismes [1], l'anémie et la phtisie ; c'est pourquoi, quand on fait construire une maison, il faut avoir soin que le rez-de-chaussée soit élevé de 0m,40 à 0m,50 au-dessus du niveau extérieur. Le sol, s'il est argileux, sera assaini par un drainage. Les pentes du terrain entourant la maison seront ménagées de façon à en éloigner les eaux tout en assurant leur écoulement. Les fenêtres seront aussi larges et aussi nombreuses que possible ; les chambres à coucher toujours pourvues de cheminées, où l'on fera du feu l'hiver, et par les temps humides.

On ne doit jamais habiter une maison aussitôt qu'elle est terminée ; il faut la laisser sécher pendant trois mois au moins en été, davantage en hiver.

---

## RÉSUMÉ

1. 2. La vapeur d'eau est de l'eau que la chaleur a transformée en vapeur, c'est-à-dire en un gaz. — 3. Quand l'air est saturé de vapeur d'eau, celle-ci se condense et forme les *brouillards* ou les *nuages*. — 4. La *rosée* est produite par la vapeur d'eau qui se refroidit. Lorsque la rosée est très refroidie, elle forme la *gelée blanche*. — 5. Le brouillard et le nuage, la rosée et la gelée blanche sont produits par la vapeur d'eau. — 6. Dans l'*évaporation*, l'eau se change lentement en vapeur ; dans la *vaporisation*, la vapeur se forme rapidement. = 7. La vapeur d'eau est utilisée pour le chauffage des maisons. — 8. Les habitations humides sont malsaines.

---

1. *Rhumatismes*, douleurs qui se font sentir particulièrement dans les muscles ou dans les articulations.

## EXERCICE DE RÉDACTION

### PRÉPARATOIRE A L'EXAMEN DU CERTIFICAT D'ÉTUDES

**Les brouillards et les nuages, la rosée et la gelée blanche.**

Exposez, le plus simplement que vous pourrez, comment se forment les brouillards et les nuages, la rosée et la gelée blanche, et quels sont les inconvénients, au point de vue hygiénique, des brouillards et des temps humides, ainsi que les précautions à prendre pour la construction d'une maison.

---

## V. — L'EAU (*fin*)

### Le froid. La neige. La grêle. La glace.

SOMMAIRE. — 1. Ce que c'est que le *froid*. — 2. Ce qu'il produit. — 3. Comment se forme la *neige*. — 4. Formation de la *grêle*. — 5. Comment l'eau se change en *glace*. *Congélation* : ses effets.

**1.** En automne il fait moins chaud qu'en été, et en hiver encore moins qu'en automne ; la chaleur diminue donc de plus en plus à mesure qu'on approche de l'hiver : dans cette saison, on remplace le mot *chaleur* par le mot *froid*. En réalité, le froid n'est autre chose que l'absence de chaleur ; il est le résultat d'une diminution de la chaleur.

**2.** C'est le froid qui occasionne la *neige*, la *grêle* et la *glace*.

**3. Neige.** — On a vu (n° 5, page 37) que, lorsque la vapeur d'eau rencontre un courant d'air un peu froid, elle se condense et tombe sur la terre sous forme de pluie. Si ce courant d'air est plus froid encore, c'est-à-dire a une température inférieure à 0°, les gouttelettes se congèlent en petits cristaux [1] qui se réunissent les uns aux

---

1. *Cristaux*. Le mot *cristal*, dans ce cas, désigne un corps dont les différentes parties sont symétriques, disposées régulièrement.

autres et tombent sous forme de *flocons* blancs : c'est la *neige*.

Chacun de ces cristaux a la forme d'une petite étoile à six branches, comme celle qui se trouve en haut et à

Fig. 15. — Formes de la neige.

gauche de la figure ci-dessus. En se réunissant les uns aux autres, ils forment des dessins réguliers d'une beauté remarquable et ressemblant à des fleurs à six pétales. On peut admirer ces dessins en regardant avec une loupe[1] des flocons de neige recueillis sur une étoffe noire.

**4. Grêle.** — Plus on s'élève dans l'atmosphère, plus il fait froid : il en résulte que, lorsque les nuages sont à une grande hauteur, les gouttelettes qui se sont d'abord condensées se refroidissent très rapidement et se congèlent sous forme de petits blocs de glace appelés *grêlons*, qui grossissent en tombant sur la terre : c'est la *grêle*.

On croit que la grêle se forme sous l'influence du froid et de l'électricité : elle tombe presque toujours, en effet, au commencement des orages.

**5. Glace.** — L'eau se refroidit à mesure que la température s'abaisse ; lorsque celle-ci est descendue à 0°, l'eau se solidifie et devient de la *glace :* c'est ce qu'on nomme *congélation*.

En se solidifiant, c'est-à-dire en passant de l'état liquide à l'état solide, l'eau augmente de volume, et la force avec laquelle se produit cette augmentation est tellement considérable qu'elle brise tout ce qui lui oppose de la résistance. Ainsi quand on laisse dehors, en hiver, une marmite pleine d'eau, et qu'il gèle très fort pendant la nuit, on la trouve en morceaux le lendemain matin. C'est également cette cause qui fait briser les tuyaux de conduite de l'eau, dans les villes, et fendiller les pierres tendres des bâtiments, dans lesquelles l'eau a pénétré : ces dernières sont dites pierres *gélives*.

Il est facile de comprendre que l'eau, augmentant de volume en se congelant, pèse plus que la glace. En effet, un litre d'eau qui pèse 1000 grammes forme, en se congelant, plus d'un décimètre cube de glace : donc, si l'on prend dans ce bloc de glace exactement un décimètre cube, le poids en sera inférieur à 1 000 grammes ; il est de 940 grammes.

---

1. *Loupe.* C'est un morceau de verre taillé, bombé des deux côtés, qui fait paraître les objets bien plus grands qu'ils ne le sont réellement.

## Ses applications à l'hygiène.

SOMMAIRE. — 6. Influence du froid sur la santé. — 7. Rhumes. — 8. Asphyxie par le froid. — 9. Utilité de la neige au point de vue de la salubrité de l'air. — 10. Ses inconvénients. — 11. Utilité de la glace.

6. Le froid, surtout quand il est sec sans être excessif, raffermit les tissus [1] et exerce une action heureuse sur la santé, parce que sous son influence nos organes fonctionnent mieux ; il excite l'homme au travail et le porte à se livrer aux exercices musculaires, ce qui est, d'ailleurs, le meilleur moyen à employer pour le combattre.

7. Mais il a aussi des inconvénients, entre autres celui de causer des rhumes. C'est le refroidissement qui occasionne le rhume ; la membrane tapissant intérieurement les fosses nasales et le larynx [2] se gonfle, de sorte que le liquide qu'elle sécrète s'épaissit et ne peut plus être évaporé comme cela a lieu habituellement ; il en résulte que nous faisons malgré nous des efforts pour l'expulser par l'éternuement quand il s'agit d'un rhume de cerveau ou *coryza* (qui a son siège dans les fosses nasales), ou bien par la toux lorsque le rhume affecte le larynx.

On n'attache pas assez d'importance aux rhumes ; il est bon de savoir qu'un rhume négligé peut tomber sur la poitrine, comme on dit, c'est-à-dire dégénérer en fluxion de poitrine, maladie très grave. Si le rhume est léger, on le guérit en provoquant la transpiration par une boisson chaude que l'on prend en se couchant. S'il donne un peu de fièvre, on reste au lit et on augmente la transpiration par des tisanes chaudes, en ayant soin de faire diète [3]. Lorsqu'il n'y a pas de mieux au bout de deux ou trois jours, on appelle le médecin.

---

1. *Tissus*, parties du corps formées par la réunion de fibres enchevêtrées ou juxtaposées.
2. *Larynx*, partie supérieure de la trachée-artère, située dans l'arrière-bouche et par où passe l'air pour se rendre dans les poumons : c'est l'organe de la voix.
3. *Faire diète*, c'est manger peu.

**8.** Un froid excessif peut produire l'asphyxie en arrêtant la circulation du sang. Dans ce cas, il faut rétablir la chaleur lentement en frottant le corps avec de la neige ou de l'eau très froide. Mais on doit avoir bien soin de ne pas mettre le malade auprès du feu : on le ferait mourir. Il ne faut pas non plus l'enterrer dans le fumier, parce que celui-ci dégage de la chaleur et, en outre, de l'acide carbonique.

**9.** Au point de vue de la salubrité de l'air, la neige a la même utilité que la pluie, parce que, comme cette dernière, elle entraîne avec elle en tombant toutes les poussières malsaines qu'elle rencontre dans l'atmosphère.

**10.** Elle a quelques désagréments, mais on peut aisément les éviter. Ainsi elle pénètre le cuir des chaussures, ce qui occasionne le froid aux pieds lorsqu'on est obligé de voyager à pied. On obvie[1] à cet inconvénient en se servant de chaussures ayant des semelles de bois, ou en mettant une lame de liège dans ses souliers. Eviter les chaussures complètement en caoutchouc : elles emprisonnent la sueur, tiennent les pieds humides et froids.

**11.** La glace est utilisée pour combattre l'excès de chaleur qui se manifeste dans certaines maladies et pour arrêter les vomissements, mais c'est le médecin qui en prescrit l'emploi.

---

## RÉSUMÉ

1. En hiver, il fait *froid*. — **2.** Le froid occasionne la *neige*, la *grêle* et la *glace*. — **3.** La *neige* est produite par le froid, qui congèle les gouttelettes d'eau en forme de flocons blancs. — **4.** La *grêle* est causée par le froid et l'électricité : les gouttelettes d'eau se congèlent en *grêlons*. — **5.** L'eau, en se refroidissant, se congèle, c'est-à-dire devient de la *glace*. =

---

1. *Obvier à un inconvénient*, c'est prendre des mesures pour le prévenir.

6. 7. Le froid est favorable à la santé; mais il cause quelquefois des rhumes. — 8. Un froid excessif peut asphyxier. — 9. 10. La neige purifie l'air; mais elle a quelques inconvénients. — 11. La glace est utilisée en médecine.

---

## EXERCICE DE RÉDACTION

### PRÉPARATOIRE A L'EXAMEN DU CERTIFICAT D'ÉTUDES

### La neige.

Dites ce que vous savez sur la neige, comment elle est produite, la forme des flocons; puis les petits inconvénients qu'elle présente au point de vue de la santé. Vous exposerez ensuite ce que c'est que la grêle et les dégâts qu'elle cause, puis comment l'eau se change en glace, et ce qui arrive lorsque cette congélation a lieu dans des vases ou dans des tuyaux de plomb.

---

## VI. — LA CHALEUR. LA COMBUSTION

### La température. Le thermomètre.

SOMMAIRE. — 1. La chaleur. Son utilité. — 2. Ce qui la produit. — 3. Ses effets. Dilatation : des solides, des liquides et des gaz. — 4. Applications de la dilatation. — 5. Maximum de densité de l'eau. — 6. La *combustion*. — 7. Ce qu'on entend par combustion vive et combustion lente. — 8. Corps comburant et corps combustibles. — 9. Importance de la combustion. — 10. Combustion dans l'eau. — 11. Ce que produit la combustion. — 12. La température. — 13. Le thermomètre. — 14. Conductibilité. — 15. Chaleur rayonnante.

**1.** La chaleur échauffe les corps, c'est-à-dire élève leur température.

Elle est indispensable à l'homme; les pays où elle ne se fait pas sentir suffisamment, comme la Laponie, sont presque inhabités et la population y est misérable.

**2.** Elle peut être produite de bien des manières différentes; les principales sources de chaleur sont : le soleil, qui fournit la chaleur naturelle, et le feu, qui résulte de la combustion et qui donne une chaleur artificielle. On l'obtient aussi par le frottement : ainsi, en frottant l'un contre l'autre deux morceaux de bois, on les échauffe.

**3.** Les effets de la chaleur sont très importants à connaître. En même temps qu'elle réchauffe les corps, elle augmente leurs dimensions, ou bien elle change leur état, c'est-à-dire transforme les solides en liquides et ceux-ci en gaz.

**Dilatation.** — Si l'on chauffe une barre de fer pendant un certain temps, on constate qu'elle devient plus longue; la chaleur a *dilaté* les molécules, c'est-à-dire les a écartées les unes des autres : cette augmentation de volume s'appelle la *dilatation.*

Voici une expérience facile à faire. On prend une tige de fer que l'on appuie sur une planche ou sur le sol, et on met une pointe à chaque extrémité. Après l'avoir chauffée, on la replace entre les deux pointes : c'est impossible, elle est devenue trop longue.

Tous les corps peuvent se dilater, aussi bien les liquides et les gaz que les solides. Pour constater la dilatation des liquides, on n'a qu'à verser de l'eau dans une cafetière dont la partie supérieure est un peu étroite et que l'on n'emplit pas tout à fait : on la met au feu et l'on voit, quand l'eau commence à bouillir, que la cafetière est remplie jusqu'au bord : l'eau a donc augmenté de volume en s'échauffant, elle s'est dilatée.

On peut également se rendre compte, d'une manière très simple, de la dilatation des gaz. On met auprès du feu une vessie de porc à moitié gonflée, dont on a fermé l'ouverture avec du fil. On la voit augmenter de volume et se gonfler complètement : la chaleur a dilaté l'air renfermé dans la vessie.

**4.** Cette propriété de la dilatation a reçu de nombreuses applications. Ainsi, dans une charpente en fer, il faut laisser aux différentes pièces qui la composent assez de jeu pour qu'elles puissent s'allonger ou se raccourcir selon qu'il fait chaud ou froid.

Quelquefois on ne peut déboucher un flacon dont le bouchon est en verre; on chauffe le goulot avec une allumette, il se dilate et on enlève promptement le bouchon.

**5. Maximum de densité de l'eau.** — L'eau présente une singularité remarquable qui ne se trouve dans aucun autre liquide : c'est qu'en se refroidissant elle ne se contracte que jusqu'à 4°. Si le refroidissement continue, au lieu de se contracter elle se dilate de plus en plus. De sorte que, si un vase est complètement rempli d'eau à 4°, cette eau, qu'on la chauffe ou qu'on la refroidisse, se dilatera et sortira du vase. C'est donc à cette température de 4° que l'eau occupe le plus petit volume et, par conséquent, pèse le plus : c'est ce qu'on nomme son *maximum de densité*. Ainsi 1 litre d'eau pèse un kilogramme à la température de 4°, mais il pèse moins si l'eau est, par exemple, à 2° ou à 6°. Voilà pourquoi on a pris un centimètre cube d'eau pure à la température de 4° pour déterminer le poids du gramme.

## La combustion.

**6.** La chaleur est produite le plus souvent par la *combustion* du bois ou d'un autre *combustible* au contact de l'air.

On entend ordinairement par *combustion* la combinaison de l'oxygène avec différents corps combustibles, surtout avec le carbone et l'hydrogène : telle est celle qui se produit dans les appareils de chauffage et d'éclairage.

**7.** Cette combustion est accompagnée de chaleur et de lumière : on l'appelle alors *combustion vive*, par opposition à la *combustion lente*, qui a lieu, par exemple, dans la combinaison du fer avec l'oxygène à l'air humide, et qui n'est autre chose que la rouille.

La combustion du bois, du charbon, d'une bougie, d'une lampe, du gaz d'éclairage, etc., c'est-à-dire de toutes les substances très combustibles qui brûlent en produisant une flamme plus ou moins chaude, est une *combustion vive;* tandis que la décomposition des substances organiques, du fumier, des débris de végétaux, etc., en un mot de toutes les matières en putréfaction, est une *combustion lente*, c'est-à-dire sans flamme.

De même, comme on le verra plus loin, la respiration est une *combustion lente*, et c'est cette combustion qui est la source de la *chaleur animale*[1].

**8.** Tous les corps qui brûlent, c'est-à-dire qui peuvent se combiner avec l'oxygène rapidement et en produisant de la lumière et de la chaleur, ont reçu le nom de *combustibles;* les principaux combustibles renferment de l'hydrogène et du charbon qui, en brûlant, produisent de la vapeur d'eau et de l'acide carbonique. L'oxygène est nommé corps *comburant*, c'est-à-dire qui entretient la combustion, qui fait brûler les corps avec lesquels il se combine, quoique ne brûlant pas lui-même, car il n'est pas combustible.

**9.** La combustion, sous ses différentes formes, a une très grande importance, parce qu'elle se manifeste de bien des façons et qu'elle est la source de chaleur la plus considérable après le soleil; le *chauffage* est l'une des principales applications de la combustion. (Voy., page 64, ce qui a rapport au *chauffage*.)

**10.** Quoique cela puisse paraître extraordinaire, l'eau (ou plutôt l'hydrogène provenant de la décomposition de l'eau) peut brûler quand on jette dedans certains corps tels que le potassium et le sodium, parce qu'ils sont très avides d'oxygène et se combinent avec lui partout où ils le trouvent; au contact de l'eau, ils décomposent celle-ci pour lui prendre son oxygène : c'est encore un moyen de décomposition de l'eau.

**11.** La combustion est caractérisée par ce double fait : 1° dégagement de chaleur; 2° production d'un composé ayant, le plus souvent, des propriétés nouvelles et tout à fait différentes des corps qui ont servi à le former.

1. *Chaleur animale.* C'est la chaleur produite dans le corps de l'homme et des animaux par la combustion.

Ainsi, comme nous le verrons plus tard, la combustion de l'hydrogène au contact de l'oxygène forme de l'eau ; celle du charbon (ou carbone), de l'acide carbonique et de l'oxyde de carbone; celle du soufre, de l'acide sulfureux; celle du phosphore, de l'acide phosphorique : en un mot, tous les *oxydes* et la plupart des *acides* sont produits par la *combustion*. (Voy., page 77, n° 5, l'explication relative aux *acides* et aux *oxydes*.)

**12. Température.** — Les corps s'échauffent plus ou moins suivant la quantité de chaleur qu'ils reçoivent : cet état des corps s'appelle leur *température*.

**13. Thermomètre**[1]. — Pour mesurer cette température, c'est-à-dire pour l'apprécier, on se sert d'un instrument très simple et bien connu nommé *thermomètre* (*fig.* 16), qui est basé sur la dilatation des liquides.

100

0

Fig. 16.

C'est un tube de verre dont le diamètre intérieur est très petit, et que l'on appelle à cause de cela tube *capillaire*[2], auquel est soudé un réservoir plus large; on l'emplit de mercure que l'on chauffe jusqu'à ce que le liquide soit arrivé à l'extrémité ouverte du tube, que l'on ferme.

Pour que le thermomètre puisse servir, il faut qu'il soit *gradué*, c'est-à-dire divisé en *degrés*. On le place pour cela d'abord dans un vase contenant des morceaux de glace; le mercure descend jusqu'auprès du réservoir, et l'on marque l'endroit où il s'arrête : c'est le *zéro*. Ensuite on le met dans de la vapeur d'eau bouillante, qui l'entoure complètement; le mercure monte jusqu'auprès de l'extrémité du tube, et l'on marque l'endroit où il s'arrête : c'est le point *cent*. L'intervalle compris entre ces deux points est divisé en *cent*

1. *Thermomètre*. Ce mot est composé de deux parties : *thermo*, qui désigne la chaleur, et *mètre*, qui signifie mesure; de sorte que thermomètre veut dire : qui mesure la chaleur.
2. *Capillaire*, fin, délié comme des cheveux.

parties égales, qu'on nomme *degrés centigrades;* les divisions se prolongent au-dessous de 0° et au-dessus de 100° [1].

Les thermomètres les plus répandus contiennent, au lieu de mercure, de l'alcool coloré en rouge; ils coûtent moins cher.

**14. Conductibilité.** — La chaleur se transmet de deux manières différentes : par *conductibilité* ou par *rayonnement.* Ainsi, une barre de fer dont l'une des extrémités seulement plonge dans le feu s'échauffe tout entière, la chaleur est *conduite* jusqu'à l'autre extrémité : c'est un exemple de *conductibilité.* On dit, dans ce cas, que le corps est un *bon conducteur* de la chaleur. Si, au lieu d'une barre de fer, on met le bout d'un morceau de charbon, l'autre bout ne s'échauffera pas. On dit alors que le corps est un *mauvais conducteur* de la chaleur.

Les métaux sont des corps bons conducteurs, tandis que l'air, le verre, le charbon de bois, les étoffes de laine et de soie, sont des corps mauvais conducteurs, de même que la plupart des substances animales et végétales.

La conductibilité est l'un des principes scientifiques les plus féconds en applications, non seulement dans la nature et en agriculture, mais en hygiène pour la construction des maisons, le choix des vêtements, etc.

**15. Chaleur rayonnante.** — Le soleil nous transmet sa chaleur par *rayonnement,* c'est-à-dire que ses rayons de chaleur nous arrivent en ligne droite après avoir traversé l'atmosphère : c'est la *chaleur rayonnante.*

Lorsque la chaleur tombe sur une surface polie, ou de couleur blanche, elle est *réfléchie,* c'est-à-dire renvoyée, tandis que si c'est sur une surface noire, ou foncée, elle est absorbée.

---

1. 0°, 100°, se lisent : zéro *degré,* cent *degrés;* le petit ° placé en haut et à droite d'un nombre veut dire *degré.*

## Ses applications à l'hygiène.

### Le chauffage.

SOMMAIRE. — 16. Utilité du feu. — 17. Ses inconvénients : incendies, brûlures. Comment on soigne les brûlures. — 18. Chauffage. Principaux combustibles. — 19. Appareils de chauffage. — 20. Cheminées. — 21. Poêles. — 22. Calorifères. — 23. Asphyxie par insolation. — 24. Utilité du thermomètre. — 25. Applications de la conductibilité dans le choix des vêtements.

**16.** Le feu est indispensable à l'homme pour combattre les froids de l'hiver; il en a également besoin pour la cuisson de ses aliments, pour la préparation de certaines boissons, café, thé, tisanes, etc.

**17.** Mais le feu a quelques inconvénients : il peut occasionner des incendies qui détruisent les maisons avec ce qu'elles contiennent, et des *brûlures*, qui sont quelquefois très graves. Quand le feu prend aux vêtements d'une personne, on l'enveloppe promptement avec ce qui se trouve sous la main : une couverture, ou une nappe, ou une étoffe quelconque, afin d'étouffer le feu en empêchant l'air d'y pénétrer et d'entretenir la combustion.

Dans une brûlure, ce qui augmente la douleur, c'est le contact de l'air; il faut donc l'en préserver. Pour cela, on la recouvre avec de la gelée de groseilles, ou des pommes de terre râpées, ou encore avec un linge mouillé, que l'on rafraîchit souvent. Lorsqu'il se forme des ampoules pleines de liquide, on les perce pour les vider. Si la brûlure s'étend sur une grande surface, elle peut amener un affaiblissement qui cause la mort du malade; dans ce cas on doit, en attendant l'arrivée du médecin, faire prendre des boissons toniques chaudes ne contenant pas d'alcool, comme le café, le thé, etc.

**18. Chauffage.** — Pour chauffer les appartements, on brûle différents combustibles, dont les principaux sont : le bois, la houille ou charbon de terre, le coke, la tourbe, etc. On emploie aussi, mais plutôt pour la cuisson des aliments, certains liquides tels que l'alcool, le pétrole, et même des gaz, comme le gaz d'éclairage.

**19.** Les appareils de chauffage les plus employés sont : les cheminées, les poêles et les calorifères.

**20. Cheminées.** — Une cheminée se compose d'un foyer où l'on dispose le combustible à brûler et d'un conduit vertical destiné à rejeter la fumée au dehors.

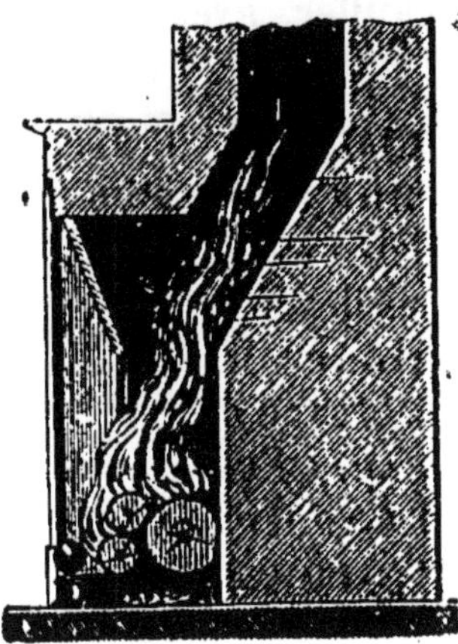
Fig. 17. — Cheminée.

Les cheminées ont l'avantage d'être hygiéniques : l'air est attiré à chaque instant dans le foyer en quantité considérable, de sorte qu'il est toujours pur et se maintient à une température modérée, ce qui est très avantageux pour la santé.

**21. Poêles.** — Le poêle est l'appareil le plus simple et en même temps le plus économique : il produit beaucoup de chaleur, qui se répand dans toute la chambre. Mais il a des inconvénients. S'il est en fonte, il dégage des odeurs désagréables; il expose à des maladies graves ceux qui sont obligés de sortir, attendu qu'ils passent brusquement d'une température très élevée à une température très basse; il occasionne des maux de tête, parce que les couches d'air les plus chaudes sont justement celles qui se trouvent en contact avec la partie supérieure du corps, et, de plus, si le tirage est mal établi, il produit, surtout pendant la nuit, des cas d'asphyxie. Il a encore un autre inconvénient qu'il est facile d'éviter. Toute sa chaleur rayonne dans la pièce et dessèche l'air, de sorte que celui-ci devient insalubre : on y remédie aisément en plaçant sur le poêle un vase assez large rempli d'eau, dont la vapeur rend à l'air le degré d'humidité nécessaire.

Au point de vue de l'aération des appartements, il ventile mal. D'un autre côté, il est dangereux de fermer complètement le tuyau du poêle : on s'exposerait à être asphyxié par les gaz délétères (oxyde de carbone et autres), qui sont alors renvoyés dans la chambre.

**22. Calorifères.** — Les calorifères sont destinés à chauffer, avec un seul foyer, de grands espaces ou un grand nombre de pièces, au moyen de conduits ou tuyaux convenablement disposés.

**23. Asphyxie par insolation[1].** — La chaleur du soleil est très utile, mais quand elle est trop forte elle peut devenir dangereuse pour l'homme, parce que le sang arrive en trop grande quantité au cerveau et comprime cet organe délicat : il en résulte une asphyxie par *insolation*, ce qu'on appelle vulgairement un *coup de soleil.* La première chose à faire, c'est de transporter le malade dans un endroit frais; ensuite on lui applique des compresses d'eau froide sur la tête et on lui met des sinapismes aux jambes, en ayant soin de le maintenir assis, la tête droite : si cela ne suffit pas, on place cinq ou six sangsues derrière chaque oreille.

Pour éviter cet accident, on doit avoir soin de ne pas s'exposer au soleil, quand il est très chaud, sans avoir la tête abritée par un chapeau à larges bords, recouvert d'une coiffe de toile blanche.

**24.** Le thermomètre a son utilité en hygiène, car il faut, surtout en hiver, que les appartements et les salles de classe aient une certaine température, ni trop basse ni trop élevée, et qui varie entre 12 et 16 degrés : le thermomètre seul peut nous la faire connaître. De même, la chambre d'un malade devant avoir une température à peu près égale, comprise entre 15 et 18 degrés, c'est le thermomètre qui l'indiquera.

**25. Choix des vêtements.** — Les notions relatives à la plus ou moins grande conductibilité des corps reçoivent des applications très utiles et très nombreuses, particulièrement en ce qui concerne le choix des vêtements. Plus ceux-ci emprisonnent l'air en l'empêchant de circuler, plus ils sont chauds; car l'air est mauvais conducteur de la chaleur et empêche celle du corps de se

---

1. *Par insolation* signifie par la trop grande chaleur du soleil.

perdre au dehors; c'est pour cela que le plumage des oiseaux et les fourrures des animaux dans les pays du Nord les préservent du froid.

Ne pas oublier que le sommet de la poitrine est la région la plus importante à préserver. Lorsque quelqu'un est atteint de phtisie pulmonaire, les sommets des poumons sont attaqués tout d'abord. Il est donc bon de ne pas échancrer les gilets de flanelle par le haut, mais au contraire de les faire monter très haut, jusqu'à la naissance du cou.

En été, on choisit des vêtements minces de coton, de lin ou de chanvre, attendu que ces étoffes conduisent mieux la chaleur que la laine et permettent à celle du corps de se perdre au dehors.

Le coton est préférable à la toile; il est plus doux et maintient le corps à une température à peu près égale, empêchant ainsi les refroidissements : il en résulte qu'on devrait faire en coton les chemises et les draps de lit, surtout dans les contrées humides.

---

## RÉSUMÉ

1. La chaleur échauffe les corps, c'est-à-dire élève leur température. — 2. Elle est produite surtout par le soleil et le feu. — 3. Elle change les solides en liquides et ceux-ci en gaz. Elle *dilate* les corps, c'est-à-dire les fait augmenter de volume. — 4. On tient compte des effets de la dilatation pour poser les charpentes en fer. — 5. De 4° à 0° l'eau, au lieu de se contracter, se dilate. — 6. La *combustion* est produite par la combinaison de l'oxygène avec différents *combustibles*. — 7. La *combustion vive* est accompagnée de chaleur et de lumière ; la *combustion lente* se fait sans flamme. — 8. Les *combustibles* sont des corps qui peuvent brûler. — — 9. Le *chauffage* est l'une des principales applications de la combustion. — 10. Le potassium décompose l'eau en brûlant son hydrogène. — 11. La combustion produit de la chaleur. — 12. La *température* des corps dépend de la quantité de chaleur qu'ils reçoivent. — 13. C'est le *thermomètre* qui permet d'apprécier cette température. Il est formé d'un

tube *capillaire* terminé par un réservoir, et contenant du mercure ou de l'alcool. — **14.** La chaleur se transmet par *conductibilité* ou par *rayonnement*. — **15.** Le soleil nous transmet sa chaleur par *rayonnement*. — **16. 17.** Le feu est très utile ; mais il peut occasionner des *brûlures*. — **18. 19.** Pour se chauffer, on emploie différents combustibles, que l'on brûle dans les cheminées, les poêles et les calorifères. — **20.** Les cheminées chauffent peu, mais sont très hygiéniques. **21.** Le poêle est économique, mais malsain. — **22.** Les calorifères sont employés pour chauffer de grands espaces. — **23.** La chaleur du soleil peut causer l'asphyxie par *insolation*. — **24.** Le thermomètre fait connaître la température des appartements et des salles de classe. — **25.** La conductibilité des corps a beaucoup d'importance pour le choix des vêtements.

---

## EXERCICES DE RÉDACTION

### PRÉPARATOIRES A L'EXAMEN DU CERTIFICAT D'ÉTUDES

### I. — La combustion.

Exposez ce que vous avez appris sur la *combustion*, ce qu'on entend par *combustion vive* et *combustion lente*, avec des exemples, ce qu'on appelle corps *comburant* et corps *combustibles;* vous indiquerez l'importance de la combustion et ce qu'elle produit.

### II. — Le baromètre et le thermomètre.

Une amie vous demande la différence qu'il y a entre un baromètre et un thermomètre. Renseignez-la et dites-lui ce que vous savez de ces deux instruments scientifiques.

### III. — Le chauffage.

Exposez ce que vous savez sur le chauffage; vous ferez connaître les principaux appareils de chauffage et vous en indiquerez les avantages ainsi que les inconvénients.

---

# VII. — LA LUMIÈRE

Sommaire. — 1. D'où vient la lumière. Sa vitesse. — 2. Corps lumineux. Corps éclairés : transparents ou opaques. — 3. Ombre. — 4. La lumière se propage en ligne droite.

**1.** La lumière qui nous éclaire pendant le jour nous vient du soleil. Sa vitesse est prodigieuse : en une seconde elle parcourt 300000 kilomètres, c'est-à-dire une distance égale à sept fois le tour de la terre.

**2.** Il n'y a pas que le soleil qui envoie de la lumière ; les étoiles, la flamme d'une bougie, celle d'une lampe ou d'un bec de gaz en donnent aussi : on les nomme des corps *lumineux*. Ceux qui la reçoivent et sont ainsi rendus visibles s'appellent des corps *éclairés*.

Les corps éclairés sont *transparents* ou *opaques*. Ils sont transparents lorsqu'ils se laissent traverser par la lumière, comme l'air, l'eau, le verre; ils sont opaques lorsqu'ils ne la laissent pas passer, comme le bois, les métaux, les pierres.

**3. Ombre.** — Un corps opaque arrêtant les rayons lumineux qui le rencontrent, il en résulte que derrière ce corps se trouve un espace qui n'est pas éclairé : c'est ce qu'on appelle l'*ombre* du corps.

**4. Réflexion de la lumière.** — La lumière se meut en ligne droite, de même que la chaleur, et comme cette dernière, si elle rencontre une surface polie, elle se réfléchit.

## Ses applications à l'hygiène.

### L'éclairage.

SOMMAIRE. — 5. Influence de la lumière sur la santé. — 6. La lumière doit venir de gauche à droite. — 7. Eclairage artificiel. — 8. Chandelles de résine. — 9. Chandelles de suif. — 10. Bougies stéariques. — 11. Huiles végétales. — 12. Huile minérale : pétrole. — 13. Gaz d'éclairage. — 14. Lumière électrique. — 15. Importance de l'éclairage pour les enfants. Myopie. — 16. La lumière a un petit inconvénient.

**5.** La lumière a une heureuse influence sur la santé; des travaux scientifiques tout récents ont établi qu'elle exerce sur nous une action considérable, surtout pendant la jeunesse : c'est pourquoi il est nécessaire que chaque appartement ait au moins une fenêtre assez grande. Les personnes qui vivent dans une chambre insuffisamment éclairée deviennent pâles, languissantes et finissent par tomber malades.

La lumière solaire jouit d'un pouvoir microbicide considérable. Si l'on expose dans un tube de verre des microbes au soleil, ils sont tués en 30 minutes.

Sur les bords du Gange, fleuve infecté par la grande quantité de cadavres d'animaux et de personnes que l'on y jette, les riverains se contentent d'exposer au soleil assez longtemps l'eau empestée de ce fleuve pour la rendre inoffensive.

**6.** — La question de l'éclairage est une de celles qui ont été le plus minutieusement étudiées par les médecins hygiénistes. Ils ont reconnu que la lumière doit venir de gauche à droite; si elle venait de droite à gauche, elle projetterait l'ombre de la main sur le cahier, ce qui fatigue les yeux et occasionne des maladies de la vue.

**7. Eclairage artificiel.** — La lumière du soleil procure un éclairage naturel on ne peut plus économique, puisqu'il ne coûte rien, et qui ne présente aucun inconvénient. Mais il est insuffisant, en ce sens que nous ne pouvons pas en disposer aussi longtemps que nous voudrions; c'est pourquoi on a cherché à remplacer la lumière du soleil par un éclairage artificiel.

**8. Chandelles de résine.** — On s'est d'abord servi de torches formées par des branches d'arbres résineux comme le sapin, puis avec la résine on a fait des chandelles, dont on se sert encore dans certaines régions pauvres; elles éclairent très mal et produisent beaucoup de fumée.

**9. Chandelles de suif.** — Ensuite on a fait des chandelles avec le suif, c'est-à-dire la graisse du bœuf et du mouton; après avoir fait fondre ce suif, on le coule dans des moules renfermant une mèche de coton. Elles éclairent moins mal que celles de résine, mais leur lumière est insuffisante, et, de plus, il faut souvent couper la mèche; en outre, leur combustion produit de mauvaises odeurs ainsi qu'un gaz très dangereux à respirer, l'oxyde de carbone. C'est pour cela qu'elles sont abandonnées presque partout pour les bougies *stéariques*, qui n'ont aucun de ces inconvénients.

**10. Bougies stéariques.** — Le suif est surtout formé de deux matières principales : l'une, liquide, qui est une espèce d'huile et qu'on appelle à cause de cela *oléine;* l'autre, solide, appelée *stéarine*[1], qui est elle-même composée de deux substances : la *glycérine* et l'acide *stéarique*, avec lequel on fabrique les bougies. Après qu'il est fondu et purifié, on le coule dans des moules renfermant une mèche formée de trois fils de coton tressés.

**11. Huiles végétales.** — Avant l'invention des bougies stéariques, qui ne date que de 1831, on s'éclairait aussi avec des lampes, dans lesquelles on brûlait des huiles végétales, extraites des graines du lin, du colza, de la navette, etc.

**12. Huile minérale : pétrole.** — On a découvert, surtout dans l'Amérique du Nord, des nappes d'une espèce d'huile minérale, appelée *pétrole*, qui se trouvent

---

1. *Stéarine* vient d'un mot grec qui veut dire *suif*.

dans l'intérieur de la terre. Comme le prix en est moins élevé que celui de l'huile végétale, le pétrole est très employé aujourd'hui pour l'éclairage. La lampe à pétrole est beaucoup moins compliquée que les autres; il y a simplement une mèche qui plonge dans le réservoir d'huile. Mais ce liquide a un inconvénient : c'est qu'il est dangereux parce qu'il est très inflammable. C'est pourquoi les enfants ne doivent jamais toucher au pétrole; les grandes personnes elles-mêmes sont obligées de prendre des précautions, par exemple ne le verser dans la lampe qu'en plein jour, le plus loin possible d'un corps enflammé, et le conserver dans un bidon de fer-blanc.

Il est bon de savoir que, lorsqu'il prend feu, ce n'est pas en versant de l'eau dessus qu'on l'éteint, mais en jetant des cendres, du sable ou de la terre.

**13. Gaz d'éclairage.** — Dans les villes on se sert, pour éclairer les rues et même les appartements, d'un gaz provenant de la houille (ou charbon de terre), que l'on a distillée[1] dans des appareils spéciaux. C'est un mélange de plusieurs gaz combustibles appelés *hydrogènes carbonés* (parce qu'ils sont formés de carbone et d'hydrogène), qui donne une flamme très brillante; mais ce mode d'éclairage est coûteux. En outre, il est dangereux, attendu que, s'il y a une fuite dans un tuyau, le gaz, en s'échappant, forme avec l'air de la chambre un mélange explosible qui prend feu au contact d'une lumière et peut tuer, ou blesser, et occasionner des incendies; ou bien, comme il est asphyxiant, s'il se répand la nuit dans une chambre, soit par une fuite, soit par un robinet mal fermé, il peut asphyxier les personnes qui y couchent. De plus, on a constaté que cet éclairage n'est pas hygiénique, d'abord parce que le gaz, en brûlant, consomme beaucoup d'oxygène, et ensuite parce que sa combustion produit une odeur et des gaz malsains (entre autres de l'oxyde de carbone), qui occasionnent à la longue une maladie des voies respiratoires, quelquefois même la phtisie.

---

1. *Distillé* signifie, dans ce cas, chauffé dans un vase clos.

(Voy., page 87, la fabrication du gaz d'éclairage.)

Les autres modes d'éclairage, quoique moins dangereux, sont cependant malsains, attendu que la combustion du suif ou de l'huile enlève à l'atmosphère une certaine quantité d'oxygène, qui est remplacée par des gaz délétères.

**14. Lumière électrique.** — Enfin, une nouvelle invention a permis d'employer l'électricité comme mode d'éclairage. Le système le plus répandu est la *lampe à incandescence*[1] *dans le vide*, due à un savant américain nommé Edison. Elle est tout simplement formée d'une petite boule de verre (qui a la forme et la grosseur d'un œuf), dans laquelle on a fait le vide et qui renferme un mince filament de charbon recourbé, dont les deux extrémités sont soudées à des fils de platine[2] qui communiquent avec les deux conducteurs du courant électrique. Lorsque celui-ci passe, le charbon devient incandescent, c'est-à-dire rougit en produisant une lumière très brillante. Avec la lumière électrique, on n'a pas à craindre les asphyxies ni les explosions que produit quelquefois le gaz ; mais l'éclairage électrique est très coûteux. Il a un grand avantage, c'est de ne pas vicier l'atmosphère.

**15.** L'éclairage a beaucoup d'importance pour vous, enfants. Rappelez-vous que vous devez toujours vous placer, à l'école et surtout à la maison, de manière que la lumière vous arrive du côté gauche, jamais du côté droit, ni en face, ni en arrière. En n'observant pas ces prescriptions, vous vous exposez à des maladies et à des infirmités; particulièrement en ce qui concerne la vue, vous contracteriez peu à peu, et sans vous en apercevoir, une infirmité bien gênante et qui vous serait très préjudiciable, qu'on appelle la *myopie*. Ceux qui sont myopes ne distinguent pas les objets un peu éloignés ; ils sont obligés, pour lire, d'approcher le livre très près de leurs yeux,

---

1. *Incandescence*, état d'un corps chauffé jusqu'à devenir blanc et lumineux.
2. *Platine*, métal inaltérable à l'air et qui ne fond que très difficilement.

et, pour écrire, de se pencher le nez sur leur cahier. Afin d'éviter cela, prenez l'habitude de vous tenir le corps et la tête bien droits, surtout quand vous écrivez, et, pour lire ou étudier, de mettre votre livre à $0^m,30$ au moins de vos yeux, en ayant soin de l'incliner au lieu de le placer horizontalement. Il vaut mieux s'accoutumer à l'éloigner le plus possible, car on est toujours porté à le rapprocher sans qu'on s'en aperçoive; alors le cristallin[1] se bombe de plus en plus et garde la courbure qu'il a prise; c'est précisément cette courbure qui constitue la myopie.

**16.** La lumière a un petit inconvénient : elle fait mal aux yeux quand elle est trop vive ou bien qu'elle est réfléchie par la neige ou par la couleur blanche des maisons; il est facile de se préserver de ce désagrément au moyen d'un lorgnon dont les verres sont légèrement teintés en bleu, car le bleu possède, ainsi que le vert, la propriété de ne pas fatiguer les yeux.

---

## RÉSUMÉ

**1.** La lumière du soleil parcourt 300 000 kilomètres par seconde. — **2.** Les corps *éclairés* sont *transparents* ou *opaques*. — **3.** Un corps *opaque* forme de l'*ombre*. — **4.** La lumière est réfléchie par une surface polie. — **5.** Elle est nécessaire à notre santé. — **6.** Elle doit venir de gauche à droite. — **7.** Pour voir clair, la nuit, on emploie un éclairage artificiel. — **8.** On s'est d'abord servi de torches résineuses, puis de chandelles de résine. — **9.** Ensuite on a fait des chandelles avec le suif des animaux. — **10.** En purifiant le suif, on a eu les bougies *stéariques*. — **11.** On s'éclaire aussi avec des lampes dans lesquelles on brûle des huiles *végétales*. — **12.** On se sert également d'une huile *minérale*, le *pétrole*. — **13.** Dans les villes, on emploie le gaz d'éclairage. — **14.** Enfin, on a inventé l'éclairage électrique. — **15.** Certaines personnes sont atteintes de *myopie*.

---

1. *Cristallin.* C'est un corps transparent qui a la forme d'une lentille bi-convexe (c'est-à-dire bombée des deux côtés) et qui se trouve à l'intérieur de l'œil. (Voy. la description de l'œil, page 114.)

## EXERCICE DE RÉDACTION

### PRÉPARATOIRE A L'EXAMEN DU CERTIFICAT D'ÉTUDES

### L'éclairage.

Une de vos cousines, qui habite la campagne, a appris qu'on venait d'installer l'éclairage électrique dans la petite ville de C... et vous a écrit de lui expliquer en quoi il consiste.

Vous supposerez que vous habitez ou que vous connaissez cette ville, et vous répondez à votre cousin en reproduisant, de votre mieux, la leçon que votre institutrice vous a faite à ce sujet, et dans laquelle elle a parlé des différents modes d'éclairage, depuis les chandelles de résine jusqu'à la lampe Edison.

---

## VIII. — L'OXYGÈNE. L'HYDROGÈNE

Sommaire. — 1. Ce que c'est que l'oxygène. — 2. Comment on l'obtient facilement. — 3. Ses propriétés. — 4. Combustion des corps dans l'oxygène. — 5. Ce qu'on entend par *acides*, *bases*, *sels*. — 6. Ce que c'est que l'hydrogène. — 7. Comment on le prépare. — 8. Ses propriétés. — 9. La combustion de l'hydrogène produit de l'eau. — 10. Acides formés par l'hydrogène. — 11. Utilité de l'oxygène en hygiène.

**1. L'oxygène.** — C'est un gaz incolore, sans saveur ni odeur; il ressemble à l'air, dont on ne le distingue pas à la vue et dont il constitue la cinquième partie, mais il est un peu plus pesant. C'est un corps simple, peu soluble dans l'eau. C'est le corps le plus répandu dans la nature. Non seulement il entre dans la composition de l'eau, mais il fait partie des végétaux et des animaux, et sert à former une foule de substances minérales.

**2.** On peut obtenir l'oxygène en décomposant, par la chaleur, certaines substances qui en contiennent à l'état de combinaison, comme le chlorate de potasse.

Mais, comme il n'est pas facile, à l'école primaire, d'avoir les appareils qu'on trouve dans les cabinets de physique, je vais indiquer un moyen très simple de se procurer une petite quantité d'oxygène.

On coupe, dans le ruisseau, des plantes vertes qui poussent dans l'eau et on les met au soleil dans un bocal A, rempli avec de l'eau dans laquelle on a dissous de l'acide carbonique, en soufflant dedans avec un brin de paille. On place au-dessus un entonnoir renversé B, dont on recouvre l'extrémité avec un petit flacon à pilules, ou à capsules de goudron C; l'entonnoir et le flacon sont pleins d'eau. Si on laisse le bocal assez longtemps au soleil, le flacon s'emplit d'oxygène. Voici comment. Nous savons que, sous l'influence de la lumière du soleil, les plantes décomposent l'acide carbonique qui se trouve dans l'air ou dans l'eau, absorbent le carbone et laissent dégager l'oxygène qui, dans notre expérience, monte dans l'entonnoir, puis dans le flacon. En bouchant celui-ci avec la paume de la main avant de le retirer de l'eau et en le renversant ensuite, on pourra se servir de l'oxygène qu'il contient pour faire les expériences suivantes.

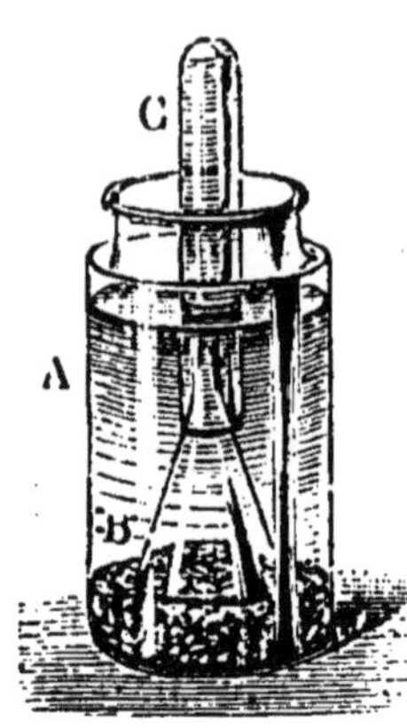

Fig. 18.

**3.** L'oxygène a la propriété très remarquable de rallumer les corps qui sont presque éteints et de faire brûler, avec un très vif éclat, ceux qui sont déjà enflammés. Ainsi, une allumette ne présentant plus qu'un point rouge se rallume vivement, en faisant entendre une petite explosion, si on l'introduit dans notre flacon d'oxygène; il en est de même d'une bougie dont la mèche a encore un point incandescent[1] : lorsqu'on la plonge dans ce gaz, elle se rallume immédiatement avec une légère explosion et brûle en répandant un vif éclat.

Cela montre qu'il active considérablement la combustion des corps : c'est l'agent principal des combustions, ainsi que de la respiration.

**4.** Le charbon, le soufre, le phosphore, le fer, brûlent

1. *Incandescent* veut dire ici qui brûle encore.

aussi bien plus vivement dans l'oxygène que dans l'air. L'expérience est facile à faire avec le charbon et le fer. On attache à un fil de fer un morceau de charbon que l'on fait rougir au feu et que l'on plonge dans un flacon plein d'oxygène : aussitôt il brûle avec une vive clarté en lançant des étincelles étoilées[1] très brillantes.

Pour la combustion du fer, on fixe à l'extrémité d'un fil de fer roulé en spirale un morceau d'amadou que l'on allume, et on le plonge dans un flacon d'oxygène : le fil de fer s'enflamme immédiatement et brûle en faisant jaillir de tous côtés de vives étincelles.

Il est facile de conserver ce gaz dans un flacon renversé sur une assiette contenant une petite quantité d'eau qui en ferme l'ouverture.

**5.** NOTA. — Il peut se combiner avec un grand nombre de corps simples et forme, avec la plupart d'entre eux, des *acides* qui portent le nom du corps simple, auquel on ajoute généralement la terminaison *ique*, après avoir supprimé l'*e* muet final. Ainsi, la combinaison de l'oxygène avec le *carbon e* forme l'acide *carbon ique;* avec l'*azot e*, l'acide *azot ique;* avec le *chlor e*, l'acide *chlor ique;* avec le *phosphor e*, l'acide *phosphor ique*, etc. Avec le *soufre* (qui forme des *sulfur es*), c'est l'acide *sulfur ique*.

Ces acides, à leur tour, peuvent se combiner avec des métaux, comme le fer, le cuivre, ou avec certains corps nommés *bases*[2], comme la chaux, la potasse, la soude, et forment des composés appelés *sels*, qui portent le nom de l'acide dont on remplace la terminaison *ique* par la terminaison *ate*. Ainsi la combinaison de l'acide *carbon ique*

---

1. *Etoilées*, qui ressemblent à des étoiles.
2. *Acides. Bases.* Les *acides* (le vinaigre, par exemple, qui est de l'acide acétique) sont des corps qui ont, en général, une saveur aigre et qui jouissent de la propriété de rougir une couleur végétale bleue, la teinture de tournesol. Les *bases* ramènent au bleu la teinture de tournesol rougie par les acides; comme elles sont presque toutes formées par la combinaison d'un métal avec l'*oxygène*, on les nomme aussi, à cause de cela, des *oxydes*. Ainsi, la chaux, la potasse, la soude, sont les *oxydes* des métaux appelés *calcium*, *potassium*, *sodium*.

avec la chaux, la soude, la potasse, forme des *carbon ates* de chaux (craie), de soude, de potasse; celle de l'acide *azotique* ou *nitr ique* avec les mêmes bases forme des *azot ates* ou *nitr ates* de chaux, de soude, de potasse (salpêtre). L'acide *sulfur ique* forme des *sulfates* et l'acide *phosphor ique* des *phosph ates*.

**6. L'hydrogène.** — C'est, comme l'oxygène, un gaz incolore, sans saveur ni odeur, mais il est beaucoup plus léger : il pèse 14 fois 1/2 moins que l'air. Un litre d'hydrogène ne pèse que 0gr,09, de sorte qu'il en faut 11 litres pour peser 1 gramme : c'est le plus léger de tous les corps. Il est encore moins soluble dans l'eau que l'oxygène ; comme ce dernier, il est très répandu, mais en combinaison avec d'autres corps.

**7.** Pour le préparer on se sert de l'appareil figure 11, page 36, qui a servi à la décomposition de l'eau.

On peut aussi l'obtenir en décomposant l'eau au moyen de charbons portés au rouge, comme cela a été indiqué au chapitre de l'*eau* (page 35).

**8.** Il est très combustible et facile à enflammer, mais il n'entretient pas la combustion : c'est tout le contraire de l'oxygène, qui entretient la combustion, mais qui n'est pas combustible, c'est-à-dire qu'il ne brûle pas au contact d'une allumette enflammée. En mettant celle-ci au-dessous d'une éprouvette pleine d'hydrogène, ce gaz s'enflamme et brûle avec une flamme peu brillante, mais très chaude. Si l'on plonge une bougie allumée dans une éprouvette qui en est remplie, il s'enflammera à l'ouverture, mais la bougie s'éteindra.

Comme il est très léger, il faut, pour le conserver, tenir l'éprouvette renversée : autrement il s'échapperait dans l'air.

**9.** En brûlant au contact de l'air, il se combine avec l'oxygène pour former de l'eau. Si l'on allume un jet d'hydrogène sortant par le tube *b* de l'appareil figure 11 (que l'on remplace par un porte-plume creux, en métal ou en verre, ou par un tuyau de pipe) quelques minutes après que le dégagement a commencé, et que l'on place au-dessus de la flamme un corps froid, un verre à boire par exemple, on verra des gouttelettes d'eau produites par la combustion de ce gaz.

La même chose aurait lieu si l'on mettait une assiette au-dessus de la lampe à alcool : la combustion de l'hydrogène contenu dans l'alcool produirait également des gouttes d'eau qui se déposeraient sur le fond de l'assiette.

**10.** NOTA. — De même que l'oxygène, il peut, en se combinant avec certains corps simples, comme le chlore, le soufre, former aussi des *acides;* on les désigne par la terminaison *hydrique.* Ainsi l'on dit : l'acide *chlor hydrique*, l'acide *sulf hydrique.*

**11.** En hygiène, l'oxygène contenu dans l'air est également très utile : c'est lui qui entretient la vie par la respiration et qui nous fait jouir d'une bonne santé. C'est sa privation ou son altération qui occasionne les asphyxies et certaines maladies. Il faut qu'il y ait de l'oxygène dissous dans l'eau pour que celle-ci soit potable.

L'oxygène pur produit, quand on le respire, une sensation de fraîcheur agréable ; mélangé avec l'air et respiré tous les jours, il améliore l'état des personnes anémiques.

---

## RÉSUMÉ

**1.** L'oxygène est un gaz incolore, sans saveur ni odeur. — **2.** On peut l'obtenir avec des plantes vertes. — **3. 4.** Il fait brûler les corps très vite ; tels sont : le charbon, le soufre, le phosphore, le fer. — **5.** Il peut se combiner avec un grand nombre de corps. — **6. 7.** L'hydrogène est un gaz très léger ; on l'obtient facilement par la décomposition de l'eau. — **8. 9.** Il est très combustible ; en brûlant à l'air, il forme de l'eau. — **10.** Il peut se combiner avec certains corps. — **11.** L'oxygène entretient la vie par la respiration.

---

## EXERCICE DE RÉDACTION

### PRÉPARATOIRE A L'EXAMEN DU CERTIFICAT D'ÉTUDES

**L'oxygène et l'hydrogène.**

Exposez ce que vous savez sur ces deux gaz, leur préparation et leurs applications à l'hygiène.

---

## IX. — L'AZOTE. — L'AMMONIAQUE. L'ACIDE AZOTIQUE

Sommaire. — 1. Ce que c'est que l'azote. — 2. Comment on l'obtient. — 3. Ses propriétés. — 4. Son importance. — 5. L'ammoniaque (alcali volatil). — 6. Ses propriétés. — 7. L'acide azotique ou nitrique. — 8. Ses propriétés.

**1. L'azote.** — C'est, comme l'air (dont il forme les quatre cinquièmes), un gaz incolore, sans saveur, ni odeur ; il est un peu plus léger que l'air et très peu soluble dans l'eau. C'est aussi l'un des corps les plus répandus dans la nature.

**2.** On peut l'obtenir très facilement en reprenant l'expérience indiquée figure 1. On allume une bougie que l'on fixe dans l'assiette au moyen de quelques gouttes de suif fondu ; on verse dans l'assiette de l'eau dans laquelle on a fait dissoudre un peu de chaux éteinte, et on recouvre la bougie avec une carafe ordinaire, comme celle de la figure 9, au lieu d'un verre à boire. La bougie continue à brûler en prenant l'oxygène de l'air contenu dans la carafe, et, comme la flamme est formée par l'hydrogène carboné, cet oxygène se combine, d'un côté avec l'hydrogène pour former de la vapeur d'eau qui se dissout dans l'eau, et de l'autre avec le carbone que contient aussi la flamme pour former de l'acide carbonique, qui est absorbé par l'eau. Au bout de quelques instants la bougie pâlit et s'éteint ; aussitôt l'eau, pressée par la pression atmosphérique, monte dans la carafe pour remplacer la vapeur d'eau et le gaz carbonique qui se sont dissous dans l'eau. Le volume de cette eau est évidemment égal à celui de l'oxygène disparu, c'est-à-dire, comme nous le savons, au cinquième de celui de la carafe : le reste, ou les quatre cinquièmes, est occupé par l'azote.

Pour avoir l'azote contenu dans cette carafe, on la soulève un peu et on ferme le goulot avec la paume de la main ; on la retire de l'assiette, on la retourne et on l'agite (en la maintenant fermée avec la main), afin que tout l'acide carbonique soit absorbé par l'eau de chaux. Ensuite, on renverse dans un seau d'eau une éprouvette plus petite que la carafe, et que l'on a emplie d'eau ; en plongeant dans le seau la carafe toujours fermée et en la couchant presque horizontalement de manière q le goulot soit au-dessous de l'ouverture de l'éprouvett, tout l'azote qu'elle contient passera dans cette éprouvette.

**3.** Il se distingue de l'hydrogène en ce qu'il n'est pas combustible (on ne peut pas l'enflammer), et de l'oxygène, en ce qu'il n'entretient pas la combustion, puisqu'il a éteint la bougie dans la carafe. Son rôle dans l'air atmosphérique consiste à modérer l'action trop vive de l'oxygène.

Ce gaz n'est pas vénéneux[1], mais il n'entretient pas la respiration et suffoque les animaux : c'est pourquoi on l'appelle *azote*, mot qui veut dire *n'entretenant pas la vie*. Si l'on met une souris dans un flacon d'azote, elle meurt asphyxiée immédiatement, parce qu'elle manque d'oxygène. Il en est de même dans les autres gaz tels que l'hydrogène, l'acide carbonique, etc.

**4.** Il joue un grand rôle dans la nature. D'abord, il constitue les quatre cinquièmes de l'atmosphère, et ensuite il entre, non seulement dans la composition de tous les tissus animaux et de certains tissus végétaux, mais dans

1. *Vénéneux*, qui agit comme poison, c'est-à-dire qui empoisonne. L'oxyde de carbone est vénéneux.

la formation d'un grand nombre de corps utiles à l'agriculture, notamment l'*ammoniaque*.

**5. L'ammoniaque (alcali volatil).** — C'est un gaz composé d'azote et d'hydrogène, qui a une très grande importance; elle est produite par la putréfaction des substances organiques azotées. On la trouve en assez grande quantité dans les urines, dans le fumier, dans le purin, etc. Elle a la propriété de se combiner avec un assez grand nombre d'acides, tels que l'acide carbonique et l'acide sulfurique, etc., pour former des sels ammoniacaux (carbonate et sulfate d'ammoniaque), qui entrent dans la composition des engrais.

**6.** Le gaz ammoniac est incolore, mais il a une odeur vive et très piquante qui fait pleurer quand on le respire. Il est plus léger que l'air et très soluble dans l'eau. Ce n'est jamais qu'en dissolution dans l'eau qu'on l'emploie : c'est cette dissolution qu'on appelle *ammoniaque* ou *alcali volatil*[1], parce que, si on l'expose au contact de l'air, elle abandonne peu à peu tout le gaz qu'elle contient.

La dissolution d'ammoniaque, ou alcali volatil, est encore très utile pour combattre ce qu'on appelle la *météorisation*, c'est-à-dire le gonflement qui survient quelquefois chez une vache, ou chez un bœuf qui a mangé des fourrages verts (trèfle ou luzerne). Ces plantes fermentent, surtout si elles étaient mouillées, et la fermentation produit une grande quantité d'acide carbonique qui fait gonfler l'animal et l'étoufferait promptement si l'on ne parvenait pas à l'en débarrasser. Pour cela, on lui fait boire une cuillerée à bouche d'alcali volatil mêlée à un litre d'eau, en ayant soin de ne pas le laisser se coucher. (Pour un mouton, une cuillerée à café dans un verre d'eau.) L'ammoniaque absorbe l'acide carbonique en s'y combinant et fait ainsi dégonfler l'animal.

On peut prévenir ce danger, ou du moins en diminuer la gravité, en mêlant au trèfle ou à la luzerne de la paille

---

1. *Volatil* signifie qui se change en vapeur ou en gaz.

sèche, et en ayant soin de ne pas donner ces plantes lorsqu'elles sont humides.

**7. L'acide azotique ou nitrique.** — C'est un liquide incolore, un peu plus lourd que l'eau, nommé aussi *eau-forte*, ou bien acide *nitrique*, parce qu'il existe dans le *nitre* ou *salpêtre*, qu'on appelle encore *nitrate* ou *azotate de potasse*.

**8.** C'est un acide très énergique qui attaque presque tous les métaux, excepté l'or et le platine, et qui est dangereux à manier : c'est un poison violent.

---

## Applications à l'hygiène.

SOMMAIRE. — 9. Importance de l'azote dans l'alimentation. — 10. Insensibilité produite par le protoxyde d'azote. — 11. Utilité de l'ammoniaque. — 12. Usages de l'acide azotique.

**9. L'azote.** — Il joue un grand rôle en hygiène en ce sens qu'il constitue l'élément principal dont notre corps a besoin pour son développement et son entretien. Il existe en assez grande quantité dans les aliments dits *azotés*, tels que la viande, les légumes secs (pois, haricots, fèves, lentilles), les œufs, le lait, le fromage, le pain, etc.

**10.** En se combinant avec l'oxygène il forme un gaz appelé *protoxyde d'azote*, qui a la propriété de produire, quand on le respire bien pur, une insensibilité de quelques instants.

**11. L'ammoniaque.** — Elle est utile pour guérir la morsure des serpents venimeux (vipère, aspic), les piqûres des scorpions, des guêpes, des abeilles, des cousins et de certaines mouches. On la fait respirer, sans toucher à la peau, aux personnes évanouies ou tombées en défaillance, pour les faire revenir à elles, mais en ayant soin de ne pas laisser le flacon sous le nez de ces personnes, car elle est impropre à la respiration et pourrait occasionner l'asphyxie. On la respire également quand on a un rhume de cerveau ; il est même bon dans ce cas d'en mêler quelques gouttes à de l'eau dans laquelle on a fait bouillir de la guimauve ou du tilleul, et dont on aspire la vapeur. On en peut faire boire huit à dix gouttes dans un verre d'eau pour combattre la morsure des serpents venimeux. Si un lieu est vicié par la présence d'une grande quantité d'acide carbonique qui en rende l'accès dangereux, on y jette de l'ammoniaque, qui absorbe le gaz nuisible et fait disparaître le danger.

Enfin elle est employée par les ménagères pour dégraisser les étoffes (après avoir été étendue d'eau), parce qu'elle a la propriété de former avec les matières grasses des composés qui sont solubles dans l'eau et que celle-ci entraîne par le lavage ; mais il ne faut pas s'en servir pour les étoffes qui ont des teintes délicates, parce qu'elle pourrait en changer la nuance. Une goutte d'alcali enlève également les taches d'acides.

**12. L'acide azotique.** — Il est employé en médecine pour cautériser [1] les plaies de mauvaise nature.

---

### RÉSUMÉ

1. L'azote est un gaz incolore, sans saveur ni odeur. — 2. On peut l'obtenir en faisant brûler une bougie dans une carafe. — 3. Il n'est pas combustible comme l'hydrogène, et n'entretient pas la combustion comme l'oxygène. — 4. Il est très répandu dans la nature. — 5. L'ammoniaque est un gaz composé d'azote et d'hydrogène. — 6. Le gaz ammoniac est incolore, mais il a une odeur très piquante. On combat la météorisation avec l'alcali volatil. — 7. 8. L'acide azotique est un liquide incolore ; c'est un poison violent. = 9. 10. L'azote existe en grande quantité dans les légumes secs. Le *protoxyde d'azote* produit l'insensibilité. — 11. L'ammoniaque guérit la morsure des serpents venimeux. — 12. L'acide azotique cautérise les plaies.

---

1. *Cautériser* veut dire *brûler ;* l'acide azotique brûle les plaies comme un fer rouge.

## EXERCICE DE RÉDACTION

**PRÉPARATOIRE A L'EXAMEN DU CERTIFICAT D'ÉTUDES**

**L'azote.**

Dites ce que c'est que l'azote, comment on l'obtient, quelles sont ses propriétés et le rôle qu'il joue en hygiène.

---

# X. — LE CARBONE (*charbon*). LA HOUILLE; GAZ D'ÉCLAIRAGE. L'ACIDE CARBONIQUE.

---

SOMMAIRE. — 1. Ce que c'est que le carbone, ou charbon. — 2. Différentes sortes de carbone : diamant, charbon de bois, houille. — 3. Le charbon de bois. — 4. La houille. — 5. Gaz d'éclairage. — 6. Produits de la distillation de la houille. Coke. — 7. L'acide carbonique. — 8. Comment on l'obtient. — 9. Importance du carbone dans la nature. — 10. Son rôle. — 11. Utilité de l'acide carbonique.

**1. Le carbone.** — Il est plus connu sous le nom de *charbon;* c'est l'un des corps les plus importants et les plus répandus dans les trois règnes de la nature. Il est combustible, et en brûlant il produit toujours de l'acide carbonique, sauf quand l'oxygène est en quantité insuffisante : il forme alors de l'oxyde de carbone.

**2.** Il y a plusieurs sortes de carbone. Le plus rare et le plus cher est le *diamant*, qui est du carbone pur cristallisé ; c'est le plus dur de tous les corps : c'est pourquoi on s'en sert pour couper le verre.

Parmi les autres sortes, les plus importantes sont le *charbon de bois*, et le *charbon de terre* qu'on appelle aussi la *houille*, et qui forment, avec le bois, les principaux combustibles.

**3. Le charbon de bois.** — Voici comment les charbonniers le fabriquent dans les forêts. Sur un terrain uni et battu, ils construisent, avec des pieux plantés verticalement, une espèce de cheminée autour de laquelle ils disposent les morceaux de bois par étages superposés, comme le montre la figure 19. On recouvre le tout d'une couche de terre et de mottes de gazon, en laissant libres le haut de la cheminée et quelques ouver-

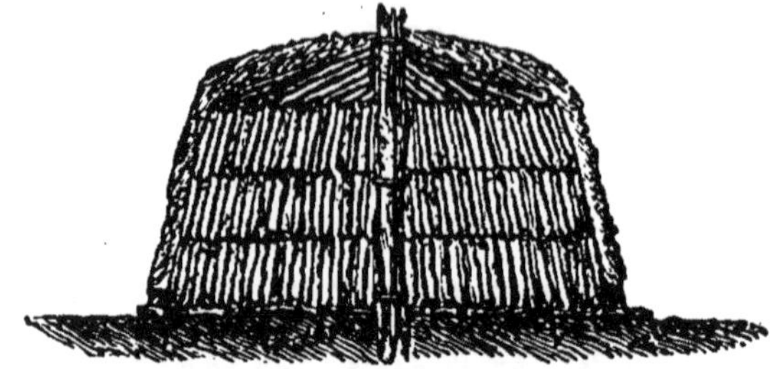

Fig. 19. — Vue intérieure d'une meule.

tures qu'on a ménagées en bas pour le passage de l'air. On met le feu à la meule en jetant dans la cheminée du charbon embrasé et du menu bois. Comme l'air n'arrive

Fig. 20. — Vue extérieure d'une meule.

que difficilement, la combustion se fait lentement et incomplètement, le bois ne brûle qu'à demi : c'est ce qu'on appelle la *carbonisation*. Quand le charbon est fait, on éteint le feu en bouchant les ouvertures et on laisse refroidir le tout.

**4. La houille.** — La *houille*, ou *charbon de terre*, es formée par la combustion lente d'une grande quantité de végétaux qui ont été, il y a très longtemps, enfouis sous terre à de grandes profondeurs et recouverts pendant des siècles par des couches de sable, de vase, d'argile, de pierres, etc. Pour l'extraire, on est obligé de creuser dans la terre des galeries profondes, dont l'ensemble forme ce qu'on appelle une *mine*. En France, les principales mines se trouvent dans les départements du Nord, de Saône-et-Loire, de la Loire, du Gard et de l'Aveyron. Le métier de mineur est pénible et très dangereux à cause des terribles explosions de *grisou*[1] qui tuent ou blessent les ouvriers.

La houille est le combustible le plus employé dans l'industrie, pour les machines à vapeur, par exemple; elle sert aussi pour le chauffage, parce qu'elle est moins coûteuse que le bois. Enfin on en extrait, par la distillation[2], le gaz d'éclairage ; une expérience très facile à faire donnera une idée de ce qui se passe dans cette opération.

On emplit à moitié, avec de petits morceaux de *houille*, une pipe en terre (à long tuyau), que l'on bouche avec de l'argile et que l'on place sur un réchaud allumé. Au bout de quelques instants, on voit de la fumée sortir du tuyau ; si l'on en approche une allumette, elle s'enflamme et brûle tant que le gaz se dégage.

**5. Gaz d'éclairage.** — C'est un ingénieur français, Philippe Lebon, qui, à la fin du dix-huitième siècle, eut le premier l'idée d'employer à l'éclairage le gaz provenant de la distillation du bois et de la houille, mais on ne voulut pas le croire et, comme la plupart des inventeurs,

---

1. *Grisou.* C'est un gaz formé d'hydrogène et de carbone, analogue au gaz des marais. En présence de l'air, il s'enflamme au contact d'une allumette en produisant de formidables explosions ; c'est pour les éviter que les mineurs se servent d'une lampe spéciale, appelée *lampe de sûreté* : elle est renfermée dans une toile métallique, qui a la propriété de ne pas laisser passer la flamme à travers ses mailles.
2. *Distillation* veut dire ici chauffage de la houille en vase clos.

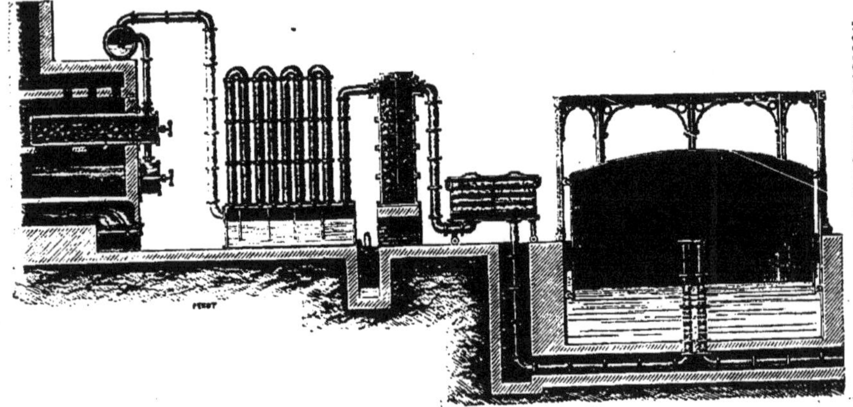

Fig. 21. — Préparation du gaz d'éclairage.

il mourut avant d'avoir pu appliquer sa découverte, qui fut utilisée par les Anglais. Ce n'est que vers 1812 que l'éclairage au gaz fut introduit en France.

C'est dans des établissements spéciaux appelés *usines à gaz* que l'on fabrique le gaz d'éclairage. Pour cela, on met la houille dans des vases en terre *réfractaire* [1], appelés *cornues*, placés dans un fourneau. La chaleur fait dégager le gaz qu'il y a dans la houille ; celui-ci se rend, par un tube adapté à chaque cornue, dans un gros cylindre horizontal appelé *barillet*, à moitié rempli d'eau (dont la coupe est représentée dans la figure ci-contre par un cercle situé au-dessus des cornues), et dans lequel se condense une partie du goudron et des produits ammoniacaux qu'il contient. Il achève de se refroidir et de se débarrasser des matières qu'il renferme encore en parcourant une série de tubes verticaux, puis un grand cylindre rempli de coke ; ensuite il passe dans une série de caisses horizontales contenant de la chaux, qui l'épure. De là, il se rend sous une grande cloche cylindrique appelée *gazomètre* (enfoncée dans un réservoir d'eau), qu'il soulève à mesure qu'il arrive par le tuyau de gauche, celui de droite étant fermé. Lorsque la cloche est pleine, on ferme ce tuyau, qui est muni d'un robinet, et, le soir, on ouvre le tuyau de droite par lequel le gaz s'en va partout où il doit servir.

Comme il est très léger, on l'emploie aussi pour gonfler les ballons.

**6.** Les résidus de la préparation du gaz fournissent des produits très importants pour l'agriculture, l'hygiène et l'industrie, entre autres des sels ammoniacaux qui sont, ainsi que la chaux d'épuration, employés comme engrais, et des *goudrons* qui, par la distillation, produisent le *phénol*, puissant désinfectant ; la *benzine*, utilisée pour le nettoyage des étoffes, et avec laquelle on prépare de magnifiques couleurs employées dans la teinturerie, mais qui ont l'inconvénient d'être des poisons violents, etc. Le

---

1. *Réfractaire* signifie qui résiste au feu, qui ne fond pas.

*goudron* est encore employé pour guérir certaines affections des bronches et des poumons, pour former un enduit préservateur du bois et des métaux, etc.

**Coke.** — La houille que l'on a placée dans les cornues prend le nom de *coke*, lorsque le gaz qu'elle contenait lui a été enlevé par la distillation : c'est une espèce de charbon poreux[1] qui brûle sans flamme, mais qui produit beaucoup de chaleur ; c'est du carbone presque pur.

**7. L'acide carbonique.** — C'est un gaz incolore, d'une saveur légèrement aigrelette et d'une odeur un peu piquante ; il est soluble dans l'eau, qui en dissout à peu près son volume à la température ordinaire, c'est-à-dire qu'un litre d'eau absorbe un litre d'acide carbonique. Il est produit par la combinaison de l'oxygène et du carbone ; il est plus lourd que l'air.

**8.** C'est l'un des acides les plus faibles ; c'est pourquoi il est chassé des combinaisons dans lesquelles il se trouve par la plupart des acides, même par le vinaigre : aussi est-il très facile à obtenir. Il suffit de mettre de la craie dans un verre contenant du vinaigre : il se produit une espèce de bouillonnement, et de petites bulles de gaz se forment sur le morceau de craie, grossissent, puis montent à la surface du vinaigre.

On fabrique aussi de l'acide carbonique en mettant dans un bocal un morceau de bois allumé, qui s'éteint presque aussitôt. Voici ce qui s'est passé. L'oxygène de l'air contenu dans le bocal s'est combiné avec le carbone du bois pour former de l'acide carbonique, qui a éteint le morceau de bois parce qu'il n'entretient pas la combustion : cette expérience le prouve. (Voy. à la fin de ce chapitre, n° 18, un autre moyen de recueillir de l'acide carbonique.)

Bien des causes contribuent à la formation de ce gaz ; les principales, celles qu'il est le plus utile de connaître, sont : la respiration de l'homme et des animaux, la com-

---

1. *Poreux* signifie qui est percé de *pores*, c'est-à-dire de trous.

bustion, la fermentation du raisin, la putréfaction du fumier et toutes les décompositions organiques.

**9.** Le carbone a une grande importance dans la nature, car c'est l'un des corps les plus répandus ; il existe, non seulement sous forme de minéral comme dans la houille, mais dans les matières qui proviennent des végétaux et des animaux.

Dans toutes les parties des plantes : tige, feuilles, fleurs, etc., il y a du charbon uni à de l'oxygène et à de l'hydrogène. Et ce sont ces trois corps (dont un est solide, le carbone, et les deux autres gazeux) qui, combinés, constituent presque toute la substance des végétaux, et même une partie de celle des animaux, en particulier la graisse. Dans la chair, le carbone est uni à un autre corps simple, l'azote. De sorte qu'on peut dire que notre corps est formé presque en entier, comme celui des animaux, par quatre corps simples ; nous avons vu que l'eau (qui n'est autre chose que la combinaison de l'oxygène et de l'hydrogène) en forme les deux tiers : le reste est composé surtout de charbon et d'azote.

**10.** C'est le carbone contenu dans l'acide carbonique de l'air que les feuilles absorbent pour nourrir les plantes ; comme cela a déjà été dit, les parties vertes des végétaux, sous l'influence de la lumière du soleil, décomposent l'acide carbonique dont elles fixent le carbone comme un de leurs principaux aliments : la preuve, c'est que plus tard, si on les fait brûler, on le retrouve dans le charbon qu'elles fournissent, et la plus grande partie de ce charbon provient de l'acide carbonique contenu dans l'air.

**11.** La présence de l'acide carbonique dans l'atmosphère est absolument nécessaire aux plantes pour qu'elles puissent vivre : toutes mourraient dans un air qui n'en contiendrait pas.

## Applications à l'hygiène.

SOMMAIRE. — 12. Propriété désinfectante du charbon. Son utilité comme combustible. — 13. Inconvénient que présente la combustion du charbon. — 14. Usages de l'acide carbonique. — 15. Utilité du carbonate de chaux. — 16. Inconvénients et dangers de l'acide carbonique. — 17. Asphyxie : précautions à prendre, soins à donner. — 18. Expérience qui montre que la respiration produit de l'acide carbonique.

**12.** Le charbon de bois, qui est percé d'une grande quantité de petits trous appelés *pores*, a la propriété d'absorber les gaz et de s'assimiler certaines substances : c'est ce qui fait qu'il est très employé pour empêcher la putréfaction des matières animales, pour fabriquer des filtres, et, dans les fabriques d'engrais, pour enlever aux excréments humains leur mauvaise odeur.

Le noir animal et la braise de boulanger ont la même propriété désinfectante.

Lorsque l'eau a une mauvaise odeur, on la fait disparaître en mettant dans cette eau quelques charbons rouges : ils absorbent les gaz qui lui donnaient cette odeur. En temps d'orage, les substances alimentaires se gâtent vite ; on évite cet inconvénient en les entourant de charbon en poudre.

Le charbon de bois est très employé comme combustible, dans la cuisine, pour la cuisson des aliments.

**13.** Mais le charbon a un inconvénient, lorsqu'on le brûle dans un réchaud ou dans une pièce mal ventilée : c'est que sa combustion produit de l'acide carbonique et de l'oxyde de carbone, gaz qui, comme nous l'avons vu, peuvent occasionner la mort.

**14.** L'acide carbonique, quoique très nuisible quand on le respire, est cependant favorable à la santé quand il est dissous dans l'eau, ou dans certaines boissons (telles que le cidre, la bière, le vin de Champagne), etc., dans lesquelles il a été produit par la fermentation, qui a transformé une partie du sucre en acide carbonique. Par sa présence en quantité convenable dans l'estomac, il favorise la digestion : c'est pourquoi on en consomme tant dans ce qu'on appelle l'*eau de Seltz*.

On peut fabriquer soi-même, et d'une façon très simple, de l'eau de Seltz, en mettant dans une bouteille pleine d'eau deux poudres (qu'on trouve chez les pharmaciens), formées, l'une de bicarbonate de soude, et l'autre d'acide tartrique qui, en présence de l'eau, décompose le bicarbonate de soude dont il fait dégager l'acide carbonique, qui se dissout dans l'eau ; mais il faut avoir soin de fermer promptement la bouteille avec un bouchon que l'on fixe au goulot à l'aide d'une ficelle. Si l'on enlève la ficelle, le bouchon saute en produisant une détonation; l'acide carbonique qui s'était comprimé lui-même s'échappe vivement en faisant mousser l'eau, qui sort de la bouteille.

**15.** Nous avons vu que l'eau a la propriété de dissoudre l'acide carbonique, et qu'alors elle peut dissoudre le carbonate de chaux ; il en résulte que la pluie, prenant à l'air une partie de son acide carbonique, acquiert ainsi la propriété de dissoudre un peu du carbonate de chaux qu'elle rencontre en traversant le sol pour se rendre dans les sources : c'est pour cela que la plupart des eaux que nous buvons renferment un peu de calcaire, qui nous est indispensable pour la formation de nos os.

**16.** L'acide carbonique n'est pas vénéneux comme l'oxyde de carbone, mais il asphyxie quand on le respire.

Ce gaz étant plus lourd que l'air occupe, avons-nous dit, la partie inférieure de l'atmosphère. C'est pourquoi il faut, quand on pénètre dans une cave ou dans un cellier contenant des raisins en fermentation, à l'époque des vendanges, avoir soin de tenir à la main, même dans le jour, une bougie allumée, car, s'il y a de l'acide carbonique, la bougie, en s'éteignant, fera connaître la présence de ce gaz.

**17.** Mais il se peut que, par ignorance ou par négligence, un homme ne prenne pas cette précaution et tombe asphyxié, soit dans un cellier, soit dans une cuve ; il est arrivé que d'autres personnes sont descendues dans cette cuve pour l'en retirer et y sont restées, victimes de leur dévouement. (Des accidents analogues se produisent quand on veut sauver quelqu'un qui est tombé dans les lieux d'aisances.) Ce n'est pas ainsi qu'on doit s'y prendre. Il faut établir une aération puissante en ouvrant toutes les portes et les fenêtres, et, si elle n'est pas assez forte, faire disparaître l'acide carbonique soit à l'aide d'un lait de chaux que l'on peut mélanger avec du carbonate de soude, soit en arrosant le cellier avec une dissolution d'ammoniaque. S'il y a plusieurs personnes, l'une d'elles peut, en même temps, essayer de descendre dans la cuve, ou dans la fosse, mais en ayant soin de retenir sa respiration, et après s'être fait attacher à une corde afin de remonter promptement.

Lorsque la personne asphyxiée a été retirée, on lui donne les soins indiqués page 20. Si le visage est rouge violacé, les yeux saillants, on applique une demi-douzaine de sangsues derrière chaque oreille. Comme pour les autres cas d'asphyxie, il ne faut ni se lasser ni se décourager : on a vu des exemples d'asphyxiés par l'acide carbonique qui étaient restés longtemps plongés dans ce gaz et qui n'ont été rappelés à la vie qu'après plus de six heures de soins donnés sans interruption.

Fig. 22. — L'homme produit de l'acide carbonique en respirant.

**18.** Il est facile de prouver que par la respiration nous produisons de l'acide carbonique. Pour cela on met de l'eau de chaux dans un verre et on souffle dedans avec un tube ou une paille (*fig.* 22) ; le liquide se trouble et blanchit, parce que l'acide carbonique qu'on y a introduit s'est combiné avec la chaux pour former du carbonate de chaux. On peut même recueillir ce gaz ; dans un vase plein d'eau on plonge un bocal (ou un verre cylindrique) que l'on renverse après l'avoir empli, puis on souffle dessous avec un tube ou un tuyau de pipe : l'acide carbonique monte en grosses bulles au haut du bocal et ne tarde pas à le remplir. Alors on le ferme sous l'eau avec la main et on le retire : si l'on y plonge une bougie attachée à un fil de fer, elle s'éteint ; un moineau mis dans ce bocal y périrait promptement.

---

## RÉSUMÉ

1. Le carbone ou *charbon* est un corps très répandu. — 2. 3. Il forme la *houille* ou *charbon de terre* et le *charbon de bois*. — 4. La houille se trouve dans les *mines*. — 5. Le gaz d'éclairage s'obtient par la distillation de la houille dans des vases en terre *réfractaire* appelés *cornues*. — 6. On extrait aussi de la houille des *goudrons* qui, par la distillation, produisent des désinfectants très utiles. La houille, après qu'elle a été distillée, forme le *coke*. — 7. 8. L'acide carbonique est un gaz incolore, d'une saveur aigrelette et d'une odeur un peu piquante. — 9. Le carbone existe dans les minéraux, dans les végétaux et dans les animaux. — 10. 11. Les feuilles décomposent l'acide carbonique de l'air pour prendre le carbone. L'acide carbonique est absolument nécessaire aux plantes. = 12. Le charbon de bois fait disparaître les mauvaises odeurs. — 13. Il peut, en brûlant, occasionner l'asphyxie. — 14. L'acide carbonique favorise la digestion quand il est dissous, comme dans l'*eau de Seltz*, par exemple. — 15. En petite quantité, le carbonate de chaux est utile à la santé. — 16. 17. L'acide carbonique est plus lourd que l'air. Pour le chasser, il faut aérer la pièce. — 18. En soufflant dans de l'eau de chaux, on forme du carbonate de chaux.

---

## EXERCICES DE RÉDACTION

### PRÉPARATOIRES A L'EXAMEN DU CERTIFICAT D'ÉTUDES

### I. — Une promenade scolaire.

Votre institutrice vous a conduites, la semaine dernière, dans la forêt voisine, pour vous montrer comment on fabrique le charbon de bois. Vous avez vu les charbonniers choisir l'emplacement, disposer régulièrement les morceaux de bois coupés à l'avance, prendre certaines précautions, etc.

Dans une lettre à l'une de vos amies, qui n'a pu assister à cette promenade parce qu'elle était malade, vous racontez tout ce que vous avez vu; ensuite vous exposez la leçon que votre maîtresse a faite sur le carbone, les principales sortes de carbone et leurs usages.

### II. — Importance de l'acide carbonique.

Dites ce que c'est que l'acide carbonique, ses propriétés, son rôle au point de vue hygiénique. Vous indiquerez comment vous feriez pour fabriquer vous-même de l'eau de Seltz, en expliquant ce qui se passe.

### III. — Asphyxie par l'acide carbonique.

Au mois d'octobre dernier, un vendangeur est descendu dans une cuve à moitié pleine pour fouler le raisin; il est tombé asphyxié. Un autre voulut le retirer et eut le même sort.

Vous supposerez que vous avez été témoin de cet accident, que vous raconterez dans une lettre à l'une de vos amies. Vous direz les conseils que vous avez donnés, ce que l'on a fait et les soins que l'on a prodigués aux deux malheureux asphyxiés pour les rappeler à la vie; vous terminerez en indiquant les précautions que chacun d'eux aurait dû prendre.

# XI. — LE SOUFRE. L'ACIDE SULFURIQUE. — LE PHOSPHORE. L'ACIDE PHOSPHORIQUE.

—

Sommaire. — 1. Ce que c'est que le soufre. Ses propriétés; celles de l'acide sulfureux. — 2. Ses usages. — 3. L'acide sulfurique. — 4. Son importance. — 5. Ce que c'est que le phosphore. — 6. Explication des *feux follets*. — 7. Ce que c'est que l'acide phosphorique.

**1. Le soufre.** — C'est un corps solide, de couleur jaune, sans saveur ni odeur. Il est très combustible; en brûlant dans l'air il se combine avec l'oxygène pour former un gaz, l'*acide sulfureux*, dont l'odeur est piquante, et qui a la propriété d'éteindre les corps en combustion et d'enlever leur couleur aux substances avec lesquelles il est en contact. C'est une expérience très facile à faire. On mouille une violette ou une rose et on les place au-dessus de quelques allumettes qui commencent à prendre, ou mieux au-dessus d'un peu de fleur de soufre enflammée : on voit les pétales blanchir.

**2.** Il est employé pour la fabrication de la poudre, de l'acide sulfureux, de l'acide sulfurique, et des allumettes dont on plonge le bout dans du soufre fondu.

**3. L'acide sulfurique.** — Ce liquide, qu'on appelle vulgairement *vitriol*, est formé par la combinaison du soufre et de l'oxygène. Il est incolore et inodore[1], d'aspect huileux (on l'appelle encore, à cause de cela, *huile de vitriol*), et très dangereux à manier.

**4.** C'est l'un des corps les plus employés dans l'industrie, pour la préparation des principaux acides, des sulfates de soude, de fer, de cuivre, etc.

**5. Le phosphore.** — C'est un corps solide, incolore, qui a la propriété d'être lumineux dans l'obscurité.

---

1. *Incolore* signifie qui n'a pas de couleur, comme l'eau; *inodore*, qui n'a pas d'odeur.

Il est extrêmement dangereux à manier, parce qu'il s'enflamme avec une grande facilité et que ses brûlures sont très graves. Il est employé dans la fabrication des allumettes. C'est un poison excessivement violent, qui fait mourir quand on en absorbe, même en petite quantité.

**6. Feux follets.** — L'urine, les os et le cerveau renferment du phosphore; la décomposition de ces matières organiques phosphorées, principalement de la substance du cerveau, produit de l'hydrogène phosphoré, gaz qui a la propriété de s'enflammer spontanément au contact de l'air : c'est lui qui forme les *feux follets* qu'on voit quelquefois, le soir, surtout dans les cimetières, et qui sortent des fentes de la terre : il est évident que, si l'une de ces fentes aboutit à un fossé et qu'un ignorant suive les flammes qui s'en échappent, il tombera le nez dans l'eau sans que ce soit la faute du feu follet.

**7. L'acide phosphorique.** — Il est composé de phosphore et d'oxygène. C'est une espèce de poudre blanche, inodore, qui se produit quand le phosphore brûle dans l'air.

Il a peu d'usages, mais il entre dans la composition de certains corps appelés *phosphates*, qui jouent un grand rôle en agriculture.

---

## Applications à l'hygiène.

Sommaire. — 8. Utilité du soufre pour guérir la gale. — 9. Emploi de l'acide sulfureux pour détruire les punaises, désinfecter les appartements. — 10. Asphyxie causée par l'acide sulfhydrique des fosses d'aisances : ce qu'il faut faire. Précautions à prendre. — 11. Empoisonnement par les acides : sulfurique, azotique, phosphorique ; premiers soins à donner; contrepoisons. — 12. Usages du sulfate de fer. — 13. Utilité du phosphate de chaux.

**8. Le soufre.** — Il est très utile en hygiène pour guérir une maladie désagréable, la *gale*, qui est occasionnée par un tout petit animal à huit pattes : on se frotte avec une pommade soufrée, qui débarrasse de ces parasites en les faisant périr.

**9.** Il sert en outre, sous forme d'acide sulfureux, pour détruire les punaises, désinfecter les appartements, ainsi que les vêtements et les objets de literie des malades. Pour enlever les taches de vin ou de fruits sur une serviette, une nappe, etc., il suffit de faire brûler du soufre à l'entrée d'un petit cône en papier, en plaçant au-dessus de l'extrémité de ce cône la partie tachée, préalablement imbibée d'eau, parce que, ce gaz étant très soluble dans l'eau, il s'en déposera une plus grande quantité sur la tache; on lave ensuite à grande eau.

On utilise la propriété que possède l'acide sulfureux de ne pas entretenir la combustion, pour éteindre un feu de cheminée; on n'a qu'à faire brûler du soufre en poudre dans le foyer, que l'on a fermé avec un drap mouillé. L'acide sulfureux se formant par la combustion du soufre, cette combustion prend l'oxygène de l'air, de sorte qu'il ne reste que l'azote, gaz non comburant; et comme l'air de la cheminée, qui ne se renouvelle pas, est privé de son oxygène, le feu ne tarde pas à s'éteindre. Enfin l'acide sulfureux sert à assainir les tonneaux devant contenir du vin, du cidre ou de la bière. Quand ils sont vides, on les nettoie et on y fait brûler un petit bout de mèche soufrée ($0^m,02$ environ pour un fût de 220 litres).

**10.** Mais l'un des composés du soufre, l'*acide sulfhydrique*, a des inconvénients, entre autres celui d'être asphyxiant. Ce gaz se dégage des fosses d'aisances et fait quelquefois périr les ouvriers qui descendent dans ces fosses; pour les rappeler à la vie, on leur fait respirer, par intervalles, le chlore qui se dégage du chlorure de chaux que l'on a arrosé avec du vinaigre, en ayant soin d'aller doucement, car le chlore est lui-même dangereux à respirer : il décompose l'acide sulfhydrique. On donne ensuite les mêmes soins que pour les autres asphyxies (voy. pages 20 et 43). Il est prudent de faire disparaître ce gaz avant de descendre dans la fosse, en y jetant du chlorure de chaux.

**11.** L'acide sulfurique, de même que l'acide azotique, est un poison très violent. Lorsqu'une personne a avalé un de ces acides, on commence, comme dans tous les cas d'empoisonnement, par la faire vomir en lui faisant boire de l'eau tiède et en lui chatouillant la gorge avec les barbes d'une plume de volaille; puis on délaye un blanc d'œuf dans un verre d'eau qu'on lui fait prendre. Ensuite, quand on est sûr que l'empoisonnement est causé par l'un ou l'autre de ces deux acides, on racle du savon que l'on fait dissoudre dans une certaine quantité d'eau; on en fait boire au malade, et on lui donne des lavements. Pour l'empoisonnement par l'acide phosphorique (qui est causé quelquefois par les allumettes), on fait vomir en donnant à boire de l'eau sucrée, dans laquelle on a mis une cuillerée à café de *térébenthine*, ou, à défaut, six ou sept blancs d'œufs battus. Ces premiers soins sont donnés en attendant le médecin.

**12. Le sulfate de fer.** — Il sert, avec la *noix de galle*[1], à fabriquer l'encre, et est employé comme désinfectant pour enlever la mauvaise odeur des excréments humains qui, ensuite, peuvent être utilisés comme engrais.

**13. Le phosphate de chaux.** — Il sert à former, avec le carbonate de chaux, la matière dure et résistante des os de notre corps.

---

## RÉSUMÉ

**1.** Le soufre est un corps solide, de couleur jaune. En brûlant, il enlève la couleur. — **2.** Il est utilisé dans l'industrie. — **3. 4.** L'acide sulfurique ou *vitriol* est un poison très dangereux. C'est l'un des corps les plus employés dans l'industrie. — **5. 6.** Le phosphore est un corps solide, lumineux dans l'obscurité. C'est lui qui forme les *feux follets*. — **7.** En brûlant, il produit l'acide phosphorique. — **8. 9.** Le soufre guérit la *gale;* en brûlant, il détruit les punaises, désinfecte les appartements et les étoffes, enlève les taches, éteint un feu de cheminée, et assainit les tonneaux. —

---

1. *Noix de galle*, excroissance en forme de boule produite sur les feuilles d'un chêne de l'Asie Mineure par les piqûres d'insectes qui y déposent leurs œufs.

10. L'acide sulfhydrique est un gaz asphyxiant. — 11. Pour combattre l'empoisonnement par l'acide sulfurique (ou par l'acide azotique), on fait vomir et on fait prendre un blanc d'œuf délayé dans un verre d'eau. — 12. Le sulfate de fer est très employé comme désinfectant. — 13. Le phosphate de chaux entre dans la composition des os.

---

## EXERCICE DE RÉDACTION

### PRÉPARATOIRE A L'EXAMEN DU CERTIFICAT D'ÉTUDES

**Asphyxie par les fosses d'aisances.**

Vous supposerez que, lorsqu'on a vidé la fosse des lieux d'aisances de l'école, il s'est produit un accident (ce qui est arrivé plusieurs fois), et qu'un ouvrier, étant descendu sans avoir pris de précautions, est tombé asphyxié.

Vous raconterez cet accident dans une lettre à l'une de vos amies, en disant comment on a fait pour retirer cet ouvrier et les soins particuliers qu'on lui a donnés pour le rappeler à la vie; vous indiquerez ce qu'il aurait fallu jeter dans la fosse (avant d'y descendre) pour faire disparaître l'acide sulfhydrique.

---

## XII. — LA CHAUX. LA POTASSE ET LA SOUDE. LE SEL.

Sommaire. — 1. Ce que c'est que la chaux; chaux vive, chaux éteinte, lait de chaux. — 2. Où l'on trouve la chaux. — 3. Sa fabrication. — 4. La chaux hydraulique. — 5. Propriétés de la potasse et de la soude. — 6. Ce que c'est que le sel ou *chlorure de sodium*. Sel gemme et sel marin. Les marais salants.

**1. La chaux.** — La chaux est un corps solide, blanc, qui est très avide d'eau : c'est la *chaux vive*. Lorsqu'elle est mise en contact avec ce liquide, elle l'absorbe en produisant un bruit semblable à celui d'un fer rouge plongé dans l'eau, puis elle s'échauffe considérablement. et une partie de l'eau est transformée en vapeur; ensuite elle se fendille, augmente de volume et tombe en poussière : on l'appelle alors *chaux éteinte.*

Si l'on y ajoute encore de l'eau, on obtient une pâte grasse qui est employée, mélangée avec le sable, pour la fabrication du mortier : la chaux, au contact de l'air,

Fig. 23. — Four à chaux.

prend à celui-ci son acide carbonique pour former du carbonate de chaux, qui devient très dur.

La chaux éteinte délayée dans l'eau donne un liquide blanc nommé *lait de chaux.*

**2.** Elle n'existe pas à l'état naturel; on la trouve principalement dans les carbonates de chaux ou *calcaires*, ainsi que dans le *plâtre* ou sulfate de chaux, et dans le phosphate de chaux.

Le carbonate de chaux est l'un des corps les plus répandus : c'est lui qui constitue les pierres à chaux, la craie, le marbre et la pierre à bâtir.

**3.** Pour extraire la chaux du carbonate de chaux, on chauffe la pierre calcaire, à une température élevée, dans des fourneaux en briques réfractaires. On remplit le fourneau ou *four à chaux* (*fig.* 23) de couches formées de pierres et de houille mélangées; on allume par en bas, et toute la masse s'enflamme. La chaleur décompose le carbonate de chaux en acide carbonique, qui se dégage dans l'atmosphère, et en chaux, qui tombe au fond.

**4.** Lorsque la pierre calcaire contient de 15 à 30 p. 100 d'argile, elle donne la chaux *hydraulique*, ainsi appelée parce qu'elle a la propriété de durcir sous l'eau : c'est pourquoi on s'en sert pour les travaux de maçonnerie établis dans l'eau.

La chaux est très employée dans l'industrie; elle est également utilisée en agriculture et en hygiène.

**5. La potasse. La soude.** — Ce sont des corps solides, blancs, très solubles dans l'eau, et qui ont la propriété d'absorber l'humidité de l'air, dans laquelle ils se dissolvent, surtout la potasse. Ce sont des caustiques énergiques, c'est-à-dire qu'ils brûlent la peau et les matières avec lesquelles on les met en contact.

On les obtient par la décomposition des carbonates de potasse et de soude qu'on trouve, le premier dans les cendres du bois et des plantes terrestres, le second dans celles des plantes marines, et que l'on fabrique artificiellement en grande quantité, grâce à un procédé très simple inventé par un Français nommé Leblanc. Ces carbonates sont vendus dans le commerce sous le nom de *cristaux*.

**6. Le sel.** — Le *sel de cuisine* ou *chlorure de sodium* est blanc, sans odeur, et possède une saveur particulière; il est très répandu dans la nature. On le trouve au sein de la terre en amas considérables, dans des mines que l'on exploite comme celles de houille : on l'appelle *sel gemme*. Il existe aussi en dissolution dans l'eau de la mer, d'où on l'extrait en amenant l'eau salée dans des bassins peu profonds (*fig*. 24) nommés *marais salants*, qui sont établis sur les côtes de la Méditerranée et de l'Océan. Le vent et la chaleur du soleil font évaporer cette eau, de sorte

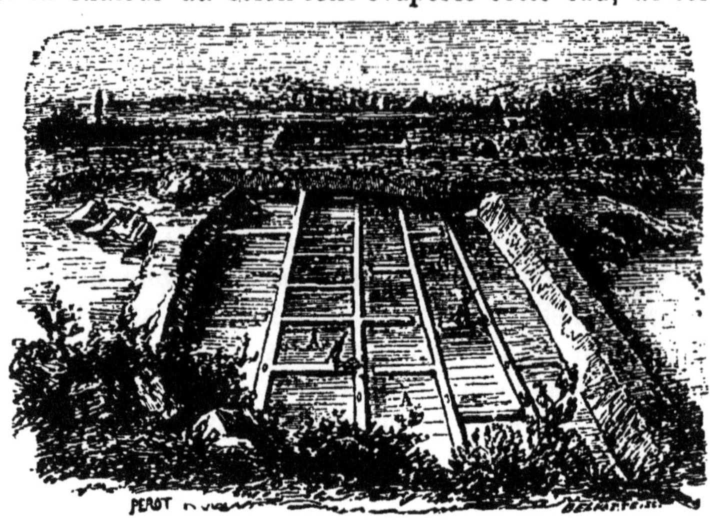

Fig. 24. — Marais salants.

que le sel se dépose au fond des bassins d'où on le retire chaque jour, et dont on forme des tas sur le bord des réservoirs : on l'appelle *sel marin*.

---

## Applications à l'hygiène.

Sommaire. — 7. Emploi du lait de chaux comme peinture économique. — 8. Utilité des sels de chaux. — 9. Le chlorure de chaux désinfecte et assainit les locaux. — 10. La potasse sert comme *pierre à cautère*. — 11. Applications des composés de la potasse et de la soude. — 12. Utilité du chlorate de potasse, de l'eau de Javel. — 13. Le savon. — 14. Fabrication du verre. — 15. Emploi du bicarbonate de soude. — 16. Empoisonnement par la chaux, la soude ou la potasse : contre-poison à donner. — 17. Importance du sel, qui est absolument nécessaire à notre santé.

7. Le *lait de chaux* est très employé en guise de peinture économique, pour blanchir une fois par an, à l'intérieur et même à l'extérieur, les murs des locaux destinés à l'habitation de l'homme ou des animaux domestiques.

Cette couche blanche durcit au contact de l'air, parce qu'elle lui prend de l'acide carbonique et devient du carbonate de chaux.

**8.** Les sels de chaux jouent un certain rôle en hygiène; le carbonate et le phosphate sont nécessaires à la formation de nos os, tandis que le sulfate est très nuisible à la santé : les eaux qui en contiennent, comme celles des puits de Paris, ne sont pas potables.

**9.** Le chlorure de chaux est très utile au point de vue hygiénique : il a la propriété, grâce au chlore qu'il renferme, de détruire les miasmes et de désinfecter l'air, les lieux d'aisances, etc.; il est même bon de l'employer pour assainir les écuries, les étables, les bergeries et les poulaillers. Voici ce qui se passe. En présence de l'acide sulfhydrique, le chlore, qui est un gaz verdâtre, se dégage et détruit cet acide dangereux. (Voy. p. 99.)

**10.** La potasse, étant un caustique très énergique, est utilisée en médecine sous le nom de *pierre à cautère*[1].

**11.** Les composés de la potasse et de la soude ont beaucoup d'applications en hygiène; ce sont : le chlorate de potasse, les carbonates de soude et de potasse, et le bicarbonate de soude.

**12.** Le chlorate de potasse est employé en médecine pour le traitement des muqueuses de la bouche et de la gorge, les rhumes, etc., sous forme de pastilles ou en potion gommeuse, ou encore dissous dans une assez grande quantité d'eau.

C'est aussi avec une combinaison de potasse et de chlore qu'on fait l'*eau de Javel* (ainsi appelée parce qu'on en fabrique beaucoup dans le quartier de Javel, à Paris), destinée au blanchissage du linge, qu'elle brûle quand on en abuse. C'est un poison.

**13. Savons.** — Les carbonates de potasse et de soude servent (traités par des huiles d'olive de qualité infé-

---

1. *Caustique*, *cautère*, mots de la même famille signifiant qui *cautérise*, c'est-à-dire qui brûle.

rieure et d'œillette) à la fabrication des savons. La potasse donne des savons mous; la soude, des savons durs. On ajoute au savon de toilette des substances aromatiques[1].

**14.** Le carbonate de soude et le carbonate de potasse sont encore utilisés dans la fabrication du verre, que l'on obtient en les faisant fondre avec du sable et de la chaux ou de la craie; le premier est employé en bien plus grande quantité que le second, parce qu'il coûte moins cher.

**15.** Le bicarbonate de soude sert comme médicament dans les maladies d'estomac.

**16.** Mais comme bien d'autres choses, si la chaux, la soude et la potasse sont utiles, elles ont aussi des inconvénients : ce sont des poisons, lorsqu'elles sont absorbées par inadvertance[2]. Comme contrepoison[3], on fait boire en grande quantité de l'eau fortement vinaigrée, ou mêlée à du jus de citron.

**17.** Nous ne pourrions pas nous passer de sel pour assaisonner nos aliments : il est utile à notre santé, en excitant l'appétit et en favorisant la digestion. C'est un antiseptique[4] excellent et celui qui convient le mieux pour la conservation des aliments, tels que morues, sardines, jambons, etc. Si nous en étions privés d'une manière absolue pendant quelques années, cette privation nous occasionnerait des maladies qui pourraient être graves.

---

## RÉSUMÉ

1. La chaux est un corps blanc, très avide d'eau : c'est la *chaux vive*. Mélangée avec un peu d'eau, elle forme la *chaux éteinte*, qui, délayée dans l'eau, donne le *lait de chaux*. — **2. 3. 4.** On l'extrait des carbonates de chaux ou *calcaires* contenant de l'argile. — **5.** La potasse et la soude sont des

---

1. *Aromatique*, qui a de l'arome, c'est-à-dire une odeur agréable.
2. *Par inadvertance*, par défaut d'attention, sans le faire exprès.
3. *Contrepoison*, substance qui détruit l'effet du poison.
4. *Antiseptique*, qui empêche la putréfaction, c'est-à-dire la décomposition des aliments, et, en général, des substances organiques.

corps blancs, qui sont très caustiques. — 6. Le sel de cuisine est blanc et a une saveur particulière. Il y a le *sel gemme* et le *sel marin*. — 7. On blanchit les murs avec un *lait de chaux* — 8. Les eaux contenant du sulfate de chaux sont nuisibles à la santé. — 9. Le chlorure de chaux fait disparaître les mauvaises odeurs. — 10. La potasse est un caustique très énergique. — 11. 12. Les composés de la potasse et de la soude sont utilisés en hygiène. Le chlorate de potasse combat les affections de la gorge. — 13. Les savons sont faits avec les carbonates de potasse et de soude traités par des huiles d'olive et d'œillette. — 14. Ces carbonates, fondus avec du sable et de la chaux, forment le verre. — 15. Le bicarbonate de soude est employé dans les maladies d'estomac. — 16. Pour combattre les empoisonnements par la chaux, la soude, ou la potasse, on fait boire de l'eau vinaigrée. — 17. Le sel est un antiseptique excellent.

---

## EXERCICE DE RÉDACTION

### PRÉPARATOIRE A L'EXAMEN DU CERTIFICAT D'ÉTUDES

### La chaux.

Vous avez remarqué, lors de la construction d'une maison, comment les maçons s'y sont pris pour faire du mortier; vous direz ce que vous avez vu en expliquant ce qui se passe quand on verse de l'eau sur la chaux et comment on l'obtient dans les fours à chaux. Vous ajouterez ce que vous savez sur les applications de la chaux et des sels de chaux à l'hygiène.

---

# HISTOIRE NATURELLE

## DEUXIÈME PARTIE

## L'HOMME. LES ANIMAUX

### I. — L'HOMME

SOMMAIRE. — 1. Division des sciences. — 2. Ce que c'est que l'*histoire naturelle*. — 3. Etres vivants; corps bruts. — 4. Description du corps de l'homme. — 5. Le *squelette*. — 6. La tête. — 7. Le tronc; la poitrine. — 8. Les membres. — 9. Membres supérieurs. — 10. Membres inférieurs. — 11. Composition des os. — 12. Les muscles. — 13. Le *système nerveux*. — 14. Le cerveau. — 15. Les nerfs. — 16. Les *organes des sens*. — 17. L'œil. — 18. Mécanisme de la vision. — 19. L'oreille. — 20. Le nez. — 21. La langue. — 22. La peau; la main.

**1.** L'étude des sciences se divise en deux parties : 1° celle des *sciences physiques*, comprenant la *physique* et la *chimie*, et formant la première partie de cet ouvrage; 2° celle des *sciences naturelles*, ou *histoire naturelle*.

**2.** L'histoire naturelle est l'histoire de tous les êtres qui existent dans la nature; ils appartiennent à trois grandes catégories, nommées aussi les trois *règnes* de la nature : 1° les *animaux*, ou *règne animal;* 2° les *végétaux*, ou *règne végétal;* 3° les *minéraux*, ou *règne minéral*. Elle comprend donc trois divisions : 1° celle des animaux, qui forme la deuxième partie de ce livre; 2° celle des végétaux (appelée *botanique*), qui en constitue la quatrième partie; et 3° celle des minéraux, qui en est la troisième partie. (La *botanique*[1] a été placée à la fin pour être étudiée pendant la saison des fleurs.)

1. *Botanique* veut dire étude des plantes.

**3.** L'homme et les animaux, ainsi que les végétaux, sont des êtres animés : ils grandissent, vivent et meurent; les minéraux sont des corps bruts ou inanimés : ils ne vivent pas. Mais les animaux sont supérieurs aux végétaux, parce qu'ils peuvent se mouvoir et sentir.

Le corps de l'homme est constitué à peu près comme celui des autres animaux tels que le singe, le chien, etc., mais l'homme possède, de plus, l'intelligence et la raison, qui l'élèvent infiniment au-dessus d'eux.

**4. Description du corps de l'homme.** — Il est composé de deux moitiés symétriques : *la droite* et *la gauche.*

## SQUELETTE

**5.** Notre corps comprend trois parties : 1° la *tête;* 2° le *tronc;* 3° les *membres.* L'ensemble des os qui les constituent forme ce qu'on appelle le *squelette.*

**6. La tête.** — On y distingue deux parties : la *face,* nommée encore la *figure* ou le *visage,* et le *crâne,* recouvert par les cheveux. La face contient presque tous les organes des sens : les oreilles, les yeux, le nez et la bouche.

Le crâne, *a* (*fig.* 25), est une espèce de boîte osseuse destinée à contenir et à protéger un organe très important, le *cerveau.*

**7. Le tronc.** — La tête est soutenue par le *cou, b,* qui l'unit au tronc. La partie la plus importante du tronc est l'*épine dorsale*[1], appelée aussi la *colonne vertébrale, bd,* parce qu'elle est composée d'une série de petits os nommés *vertèbres,* empilés les uns sur les autres. Chaque vertèbre est percée d'un trou, et l'ensemble de ces trous forme une espèce de canal dans lequel est logée la *moelle épinière.*

De chaque côté des vertèbres du *dos* (qui est la continuation du cou), part un os plein, recourbé en forme

1. *Dorsal,* qui appartient au dos.

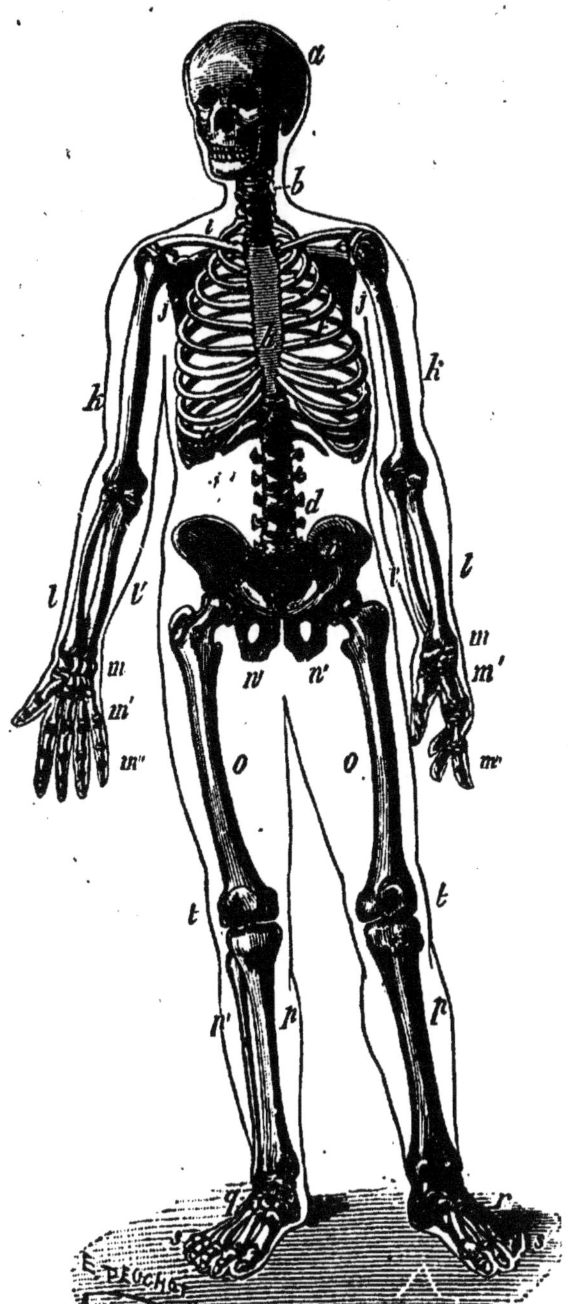


Fig. 23.

d'arc et nommé *côte*, *f*. Nous avons douze paires de côtes; elles se réunissent en avant à un os plat et long appelé *sternum*, *h*.

L'espace renfermé par les côtes se nomme la *poitrine*, qui est plus large en bas qu'en haut, et dans laquelle sont placés le *cœur* et les *poumons*.

**8. Les membres.** — Les membres, au nombre de deux paires, se divisent en membres *supérieurs*, ou *antérieurs*, et en membres *inférieurs*, ou *postérieurs*.

**9. Les membres supérieurs.** — Chacun d'eux comprend : l'*épaule*, le *bras*, l'*avant-bras* et la *main*. L'épaule s'appuie sur la partie supérieure de la poitrine : elle contient deux os : la *clavicule*, *i*, en avant, l'*omoplate* en arrière. A la suite de l'épaule vient le bras, dont le seul os, l'*humérus*, *k*, se termine au *coude;* puis l'avant-bras, *l*, qui renferme deux os, et enfin la main, *m*, jointe à l'avant-bras par le *poignet*. La partie de la main qui fait suite au poignet s'appelle la *paume :* l'autre partie est formée par les cinq *doigts*, composés chacun de trois *phalanges*, excepté le *pouce*, qui n'en a que deux.

**10. Les membres inférieurs.** — Leur disposition est analogue à celle des membres supérieurs. Chacun d'eux comprend : la *hanche*, la *cuisse*, la *jambe* et le *pied*. La hanche correspond à l'épaule; la cuisse, au bras; la jambe, à l'avant-bras ; le pied, à la main.

Les hanches sont deux os plats et larges, *n*, qui sont attachés à la colonne vertébrale et font une espèce de ceinture osseuse nommée le *bassin*, destinée à soutenir et à protéger les organes renfermés dans le ventre. La cuisse n'a qu'un os, le *fémur*, *o;* la jambe en a deux, dont l'un, le *tibia*, *p*, est en avant et forme avec la cuisse l'articulation[1] du *genou*, où se trouve un os appelé *rotule*. Le pied est terminé par cinq doigts ayant chacun trois petites phalanges, sauf le pouce, qui n'en a que deux.

**11. Composition des os.** — Les os contiennent

---

1. *L'articulation*, c'est-à-dire la jointure.

deux substances : l'une, *minérale*, formée de carbonate et surtout de phosphate de chaux ; l'autre, *organique*, composée en grande partie de *gélatine* (que l'industrie emploie comme colle forte).

**12. Les muscles.** — Nos divers mouvements sont exécutés par les os avec l'aide des *muscles* qui les entourent. Ceux-ci renferment des filaments *nerveux*, sous l'influence desquels ils se contractent, c'est-à-dire se raccourcissent. Un muscle est constitué par un amas de fibres ou filaments, vulgairement désigné sous le nom de *chair* ou *viande*. Il est attaché, par ses deux extrémités, aux os qu'il doit faire mouvoir.

## SYSTÈME NERVEUX

**13.** On nomme *système nerveux* l'ensemble du *cerveau*, de la *moelle épinière* et des *nerfs*. C'est ce qu'il y a de plus important et de plus délicat dans notre corps ; c'est par le système nerveux que s'exerce la *sensibilité*, c'est-à-dire la faculté que nous avons de percevoir les impressions extérieures par l'intermédiaire des *sens*.

**14. Le cerveau.** — Il est formé d'une substance molle et délicate, renfermée dans le crâne ; c'est le siège de l'intelligence, des idées et de la volonté, en un mot, de nos plus belles facultés. Il est enveloppé par des membranes appelées *méninges*. L'inflammation des méninges s'appelle *méningite*.

La *moelle épinière*[1] est une espèce de cordon de substance nerveuse qui part du cerveau et qui est logée dans le canal de la colonne vertébrale.

**15. Les nerfs.** — Ce sont des filaments blancs qui naissent du cerveau et de la moelle épinière et qui se répandent dans toutes les parties du corps, qu'ils mettent ainsi en communication avec le cerveau.

---

1. *La moelle épinière.* Elle est ainsi appelée parce qu'elle est logée dans l'*épine* dorsale.

## ORGANES DES SENS

**16.** Nous avons cinq *sens*, qui sont comme des portes ouvertes sur le monde extérieur et qui nous permettent, grâce à des organes spéciaux, de nous rendre compte de ce qui s'y passe. Ce sont : la *vue*, l'*ouïe*, l'*odorat*, le *goût* et le *toucher*.

La vue a pour *organes* les *yeux ;* l'ouïe, les *oreilles ;* l'odorat, le *nez ;* le goût, la *langue ;* enfin le toucher, la

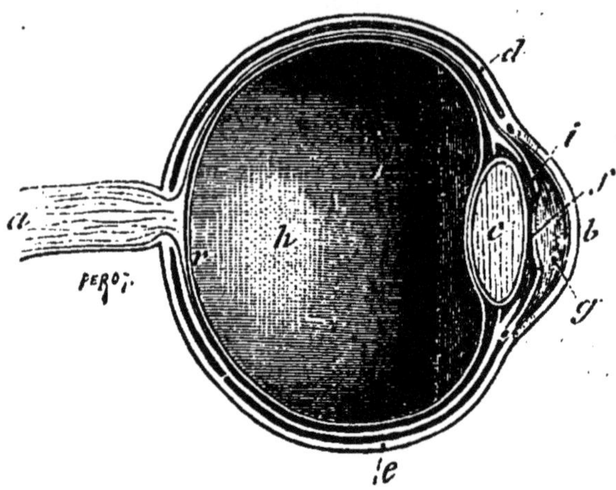


Fig. 26 — Coupe de l'œil : *b*, cornée transparente ; *d*, blanc de l'œil ; *i*, iris ; *f*, pupille ; *c*, cristallin ; *a*, nerf optique ; *r*, rétine ; *e*, membrane noire ; *g*, partie antérieure de l'œil remplie d'eau ; *h*, partie postérieure remplie d'une gelée transparente.

*peau* et particulièrement la *main*, ou plutôt l'extrémité des *doigts*.

**17. Organe de la vue. L'œil.** — L'œil ressemble à une boule un peu bombée en avant. Il est tapissé intérieurement par une membrane nerveuse nommée *rétine*, qui est formée par le nerf *optique*[1]. Il est enveloppé par une membrane résistante, opaque (désignée sous le nom de *blanc* de l'œil), qui devient, en avant, transparente : elle se nomme alors la *cornée*. En arrière de la cornée se trouve une espèce d'écran ou cercle coloré, l'*iris*, percé

1. *Nerf optique*, c'est-à-dire nerf de la vision ; *optique* signifie : qui a rapport à la vision.

d'une ouverture appelée la *pupille*, qui laisse entrer la lumière dans l'œil. Derrière l'iris est un corps transparent ayant la forme d'une lentille bi-convexe [1] et qu'on nomme le *cristallin*.

**18. Mécanisme de la vision.** — La lumière entre dans l'œil par la pupille et, en traversant le cristallin, elle est réfractée [2] de manière à former l'image réelle de l'objet, qui va se peindre sur la rétine; celle-ci en transmet l'impression au cerveau par l'intermédiaire du nerf optique.

**19. Organe de l'ouïe. L'oreille.** — C'est un organe très compliqué, dont la partie extérieure s'appelle le *pavillon*, espèce de cornet qui aboutit au *conduit auditif* [3] situé à l'intérieur de l'oreille. Celui-ci est fermé en dedans par une espèce de peau de tambour tendue ou membrane nommée *tympan*, qui transmet au nerf auditif et celui-ci au cerveau les vibrations que lui communiquent les sons qu'elle reçoit.

**20. Organe de l'odorat. Le nez.** — Il est divisé, par une espèce de cartilage [4] ou de cloison verticale, en deux parties appelées les *fosses nasales*, qui s'ouvrent au dehors par les *narines*. Elles sont tapissées intérieurement par une membrane recevant les ramifications du nerf qui transmet au cerveau les odeurs, bonnes ou mauvaises, apportées par l'air que nous respirons.

**21. Organe du goût. La langue.** — Le goût perçoit les saveurs au moyen de la langue, qui est recouverte d'une membrane muqueuse [5] présentant un grand nombre de petites éminences. Pour que les saveurs puissent être perçues, il faut que les substances qui les contiennent soient dissoutes.

---

1. *Convexe* veut dire bombé : *bi-convexe*, qui est bombé des deux côtés, comme une loupe.
2. *Réfracté* signifie dévié, détourné de sa direction.
3. *Auditif*, qui appartient à l'ouïe.
4. *Cartilage*. C'est une espèce de tissu solide, élastique et flexible.
5. *Muqueuse*. On appelle ainsi les membranes qui tapissent les cavités du corps ouvertes au dehors.

**22. Organe du toucher. La peau.** — C'est une enveloppe assez épaisse qui entoure le corps et qui est sillonnée par un grand nombre de filaments nerveux, grâce auxquels nous ressentons les impressions extérieures de froid, de chaud, etc. C'est surtout la peau recouvrant l'extrémité des doigts qui est sensible et qui nous permet, en palpant un corps, c'est-à-dire en le prenant dans notre main, de nous rendre compte de sa forme, de son étendue, de sa dureté, de son poids, etc.

C'est dans la peau que se trouvent les glandes produisant la sueur, qui s'échappe par les milliers de petites ouvertures appelées *pores*, dont notre peau est percée.

---

## Applications à l'hygiène.

Sommaire. — 23. Comment se forment les os. — 24. Utilité de la gymnastique. — 25. Funestes effets de l'abus du tabac et de l'alcool sur le cerveau. — 26. — Hygiène de la vue. — 27. Soins à donner aux oreilles. — 28. Hygiène de l'odorat. — 29. Sensibilité de la langue. — 30. Hygiène de la peau.

**23.** Chez les tout jeunes enfants, les os contiennent seulement la matière organique ; la substance pierreuse ne se forme que progressivement.

**24.** Les exercices répétés développent les muscles, les fortifient et donnent de l'agilité aux membres ; c'est pour cela que les exercices de gymnastique sont très utiles : ils font agir tous les muscles du corps.

Les muscles sont le siège de certaines douleurs qu'on appelle des *rhumatismes* et dont on souffre quand on est vieux ; c'est surtout le froid humide qui les cause : voilà pourquoi vous ferez bien d'éviter de conserver vos habits quand ils seront mouillés, de vous reposer sur la terre ou de coucher dans un endroit humide.

**25.** Le cerveau est un organe excessivement délicat : on doit donc le ménager et éloigner avec soin tout ce qui pourrait le fatiguer ou l'user, car il s'use comme les autres organes. L'abus du tabac, de l'alcool et surtout de l'absinthe[1], l'ivrognerie, etc., ont des conséquences très graves et amènent, soit la perte de la mémoire ou de l'intelligence, soit l'imbécillité ou la folie : il est très important pour les enfants de ne pas prendre l'habitude de fumer, ni de boire des liqueurs alcooliques.

**26**. L'œil est un organe très sensible. Il faut éviter tout ce qui pourrait le fatiguer, comme de lire lorsque la lumière est insuffisante ; une lumière trop vive peut aussi affaiblir la vue.

**27**. La propreté veut qu'on se lave les oreilles tous les jours ; il est bon, de temps à autre, d'ôter avec précaution la matière jaunâtre qui se forme dans le conduit auditif, mais on ne doit jamais se servir d'une allumette, dont le bout phosphoré peut s'enflammer dans l'oreille et causer des accidents très graves. On fait bien, lorsqu'on est sujet aux maux de dents ou qu'on craint le froid à la tête, de mettre dans les oreilles un peu d'ouate, que l'on imbibe d'huile d'amandes douces si l'on a quelque tendance à devenir sourd.

**28**. Certains enfants prennent la mauvaise habitude de se mettre les doigts dans le nez, ce qui, d'abord, n'est pas propre ; il faut qu'ils sachent que cela occasionne des maux qu'il est très difficile de guérir. D'autres s'introduisent, soit dans le nez, soit dans les oreilles, des pois ou des haricots, ou des noyaux de cerises, etc. : tout cela peut amener de graves accidents.

**29**. La langue ne veut pas être mise en contact avec quelque chose de trop chaud ou de trop froid ; il convient aussi d'habituer les enfants à se nourrir d'aliments légèrement épicés, à boire peu de vin et jamais d'eau-de-vie.

**30**. Nous avons vu, au chapitre de l'eau, quels sont les soins de propreté qu'exige la peau ; il a été dit aussi qu'il est prudent d'éviter, lorsque la peau est couverte de sueur, de se mettre dans un courant d'air ou de se coucher au frais, dans la crainte d'un refroidissement.

---

1. *Absinthe*, liqueur faite avec une plante aromatique très amère, qui contient du poison.

## RÉSUMÉ

1, 2. Les sciences se divisent en *sciences physiques* et en *sciences naturelles* ou *histoire naturelle*. L'histoire naturelle est l'histoire de tous les êtres : *animaux*, *végétaux* et *minéraux*. — 3. L'homme et les animaux, ainsi que les végétaux, sont des êtres animés. — 4. 5. On distingue dans le corps humain : la *tête*, le *tronc* et les *membres*. — 6. 7. Dans la tête, il y a : la *face* et le *crâne*. Le tronc comprend : la *colonne vertébrale* et les *côtes*. — 8. 9. 10. Dans les membres supérieurs, il y a : l'*épaule*, le *bras*, l'*avant-bras*, et la *main*; dans les membres inférieurs : la *hanche*, la *cuisse*, la *jambe* et le *pied*. — 11. 12. Les os, aidés des muscles, exécutent nos divers mouvements. — 13. 14. 15. Le système nerveux comprend : le *cerveau*, la *moelle épinière* et les *nerfs*. — 16. Nous avons cinq sens : la *vue*, l'*ouïe*, l'*odorat*, le *goût* et le *toucher*. — 17 à 22. Les organes des sens sont : les *yeux*, les *oreilles*, le *nez*, la *langue* et la *main*. — 23. 24. L'exercice développe les muscles et les fortifie. — 25. 26. Le cerveau est un organe délicat. L'œil est très sensible. — 27. 28. Il faut se laver les oreilles; ne s'introduire aucun objet dans le nez. — 29. Les enfants doivent manger des aliments peu épicés. — 30. Il est prudent d'éviter les refroidissements.

---

## EXERCICE DE RÉDACTION

### PRÉPARATOIRE A L'EXAMEN DU CERTIFICAT D'ÉTUDES

### Le corps humain.

Faites la description de votre corps; vous en indiquerez les différentes parties, ainsi que les principaux organes : squelette, muscles, système nerveux, et vous direz à quoi ils servent.

---

## II. — L'HOMME (*suite*)

### Fonctions de nutrition.

Sommaire. — 1. Ce qu'on appelle *fonctions de nutrition*. — 2. La *respiration*. — 3. Les poumons; la trachée-artère; les bronches.

4. Mouvements respiratoires. — 5. Ce que devient l'air que nous respirons. — 6. Chaleur animale. — 7. La *circulation*. — 8. Le cœur. — 9. Comment se fait la circulation. — 10. Ce que c'est que le sang. — 11. La *digestion*. — 12. Description de l'appareil digestif. — 13. La bouche. — 14. Les dents; la salive. — 15. L'estomac. — 16. Digestion intestinale.

**1.** Les principales fonctions de notre corps sont celles qui ont pour but d'entretenir la vie : on les appelle *fonctions de nutrition*. Ce sont : la *respiration*, la *circulation* et la *digestion*.

### 1° RESPIRATION

**2.** Le premier besoin que nous éprouvons, c'est celui de *respirer*. A chaque instant, nous sommes obligés d'*aspirer* de l'air, que nous introduisons dans notre poitrine, puis de l'*expirer*, c'est-à-dire de le rejeter au dehors : ce double mouvement a lieu une quinzaine de fois par minute.

**3. Poumons.** — Les principaux organes de la *respiration* sont les *poumons;* nous avons deux poumons, qui sont logés, ainsi que le cœur, dans la poitrine, l'un à droite, l'autre à gauche (*fig.* 27). C'est une masse spongieuse, c'est-à-dire qui ressemble à une éponge pleine d'air, et dont le *mou de veau* donne une idée assez exacte. Les poumons communiquent avec l'air extérieur par une espèce de tuyau appelé *trachée-artère*, qui se divise en deux canaux nommés *bronches*, qui, à leur tour, se subdivisent en une foule de petits tubes enchevêtrés les uns

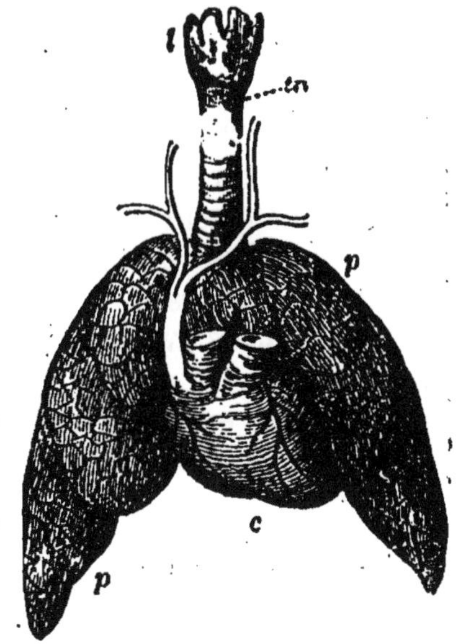

Fig. 27. — Poumons de l'homme : *l*, larynx; *tr*, trachée-artère; *p*, poumon; *c*, cœur.

dans les autres (*fig.* 28). La trachée-artère s'ouvre dans l'arrière-bouche ; sa partie supérieure forme une espèce de renflement appelé *larynx*, qui est l'organe de la voix.

Les poumons sont entourés par une membrane nommée la *plèvre*, dont l'inflammation produit une maladie appelée *pleurésie*.

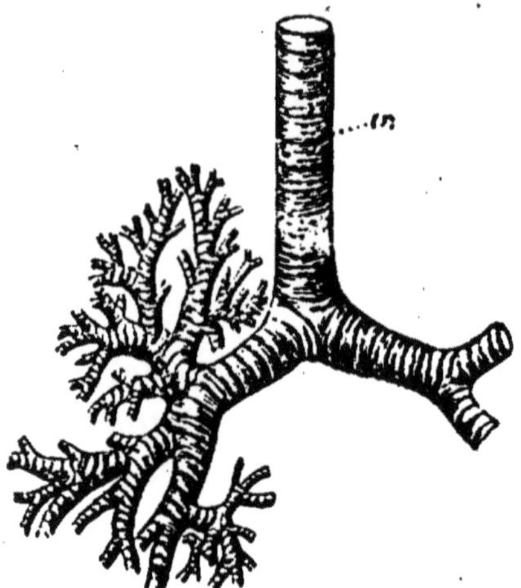

Fig. 28. — Trachée-artère et ramifications des bronches.

**4. Mouvements respiratoires.** — La respiration comprend deux mouvements : l'*inspiration*, ou introduction de l'air dans la poitrine, et l'*expiration*, ou expulsion de l'air contenu dans les poumons. Pendant l'inspiration les côtes se soulèvent et la poitrine se dilate, c'est-à-dire s'agrandit : alors l'air y pénètre; pendant l'expiration, qui a lieu immédiatement après, les côtes s'abaissent et la poitrine se rétrécit : alors l'air, se trouvant comprimé, est expulsé au dehors.

**5.** L'air que nous avons aspiré pénètre dans toutes les cellules des poumons d'où il passe dans le sang, qui le dissout. Il s'en va ensuite avec lui dans tous nos organes, où son oxygène, rencontrant du carbone et de l'hydrogène, les *brûle*, c'est-à-dire se combine avec eux pour former de l'acide carbonique et de l'eau. C'est donc dans nos tissus que se produit l'acte le plus important de la respiration, c'est-à-dire la *combustion* du carbone et de l'hydrogène par l'oxygène. Le sang ramène cet acide carbonique et cette eau dans les poumons qui, par l'expiration, les rejettent au dehors. Il est facile de constater que l'air expiré contient ces produits ; il n'y a qu'à souffler sur une glace : elle est ternie par une buée ou vapeur d'eau qui s'y dépose. De même en soufflant avec une paille ou un tuyau de pipe, dans de l'eau de chaux, celle-ci est troublée par le carbonate de chaux insoluble qu'y forme l'acide carbonique.

**6. Chaleur animale.** — La combustion du carbone (ou de l'hydrogène) par l'oxygène produit, nous le savons, de la *chaleur*. Cette combustion a lieu dans toutes les parties de notre corps ; il en résulte une chaleur à laquelle on a donné le nom de *chaleur animale* ou *chaleur vitale* [1], et qui se maintient, hiver comme été, toujours à la même température de 37° environ.

La respiration est donc une véritable *combustion lente*, qui produit même une chaleur assez élevée.

La respiration est une des conditions essentielles de notre existence. De son plus ou moins bon fonctionnement résulte fatalement pour nous la santé ou la maladie. On peut mesurer pour ainsi dire mathématiquement la force d'une personne à l'amplitude de son thorax : dans les conseils de revision on mesure la circonférence thoracique des jeunes gens pour savoir s'ils sont capables de faire un bon service militaire.

Que dire alors des jeunes personnes assez folles pour se comprimer la base de la poitrine à l'aide d'un corset? Pensent-elles s'embellir en se donnant une taille de guêpe, c'est-à-dire des proportions tout à fait ridicules?

Vous avez pu voir dans les musées, ou dans les jardins des villes, des statues, œuvres d'artistes éminents, représentant tous les types de la beauté féminine ; eh bien! en avez-vous jamais vu avec une taille aussi étranglée, aussi extravagante? Si encore il ne devait en résulter que la laideur, on pourrait sourire de cette mode, comme de tant d'autres ; mais elle a des conséquences terribles pour la santé. En effet, la femme respire surtout par la poitrine grâce à l'expansion des dernières côtes, dont la mobilité permet aux parois thoraciques de jouer le rôle de soufflet. Or le corset comprime ces côtes et empêche leur fonctionnement.

Ce n'est pas tout, la pression du corset porte aussi sur

---

1. *Vital* signifie qui entretient la *vie*.

le cœur, l'estomac et le foie, c'est-à-dire qu'il comprime à la fois les organes essentiels de la respiration et de la digestion. Etonnez-vous donc encore de constater tant d'anémies, de phtisies, etc. En Chine, la mode exige que les jeunes filles aient les pieds déformés : ce n'est pas plus laid, et c'est beaucoup moins dangereux.

Si vous voyiez infliger le supplice du corset à n'importe quel animal domestique, vous vous révolteriez contre une telle barbarie : et c'est vous-même que vous traitez de cette façon!

J'ai vu, sur des cadavres de femmes, le cœur déplacé, les poumons aplatis, l'estomac atrophié, le foie déformé par les côtes qui y avaient formé leur empreinte profonde : tout cela était l'œuvre du corset!

On dit : « Baste! si le corset me fait mal, plus tard je le supprimerai, et tout sera dit. » Erreur profonde. Les côtes d'un enfant sont comme les branches d'un jeune arbre : si vous les tenez courbées pendant plusieurs années, vous aurez beau leur rendre la liberté, elles resteront toujours courbées.

On répond aussi : « Mais il faut bien soutenir le corps. » Comme si la femme sauvage et pas mal de civilisées ne s'en passaient pas!

Des corsages bien ajustés, en tissus souples et facilement extensibles tiendront le corps chaud et seront un soutien très suffisant, surtout pour des jeunes filles.

Le meilleur corset, même peu serré, même avec élastiques, ne vaut rien; car il impose toujours une limite ou une gêne à l'expansion thoracique.

Faites de la gymnastique en plein air de façon à développer vos poumons, enrichir votre sang, fortifier vos muscles : vous n'en serez que plus fraîches et plus jolies, car il n'y a pas de beauté sans la santé.

## 2° CIRCULATION

7. Nous venons de voir que le sang entraîne l'air avec lui dans toutes les parties de notre corps; cela s'appelle la *circulation*.

**8. Cœur.** — Le principal organe de la circulation est le *cœur*, placé au milieu de la poitrine entre les deux poumons. C'est un muscle creux, gros comme le poing, qui a la propriété de se contracter et de se dilater alternativement. Il est divisé par une cloison verticale en deux moitiés qui ne communiquent pas entre elles, et nommées, l'une le *cœur droit*, l'autre le *cœur gauche;* chaque moitié comprend deux cavités communiquant l'une avec l'autre par un trou muni d'une espèce de soupape : celle qui se trouve au-dessus s'appelle *oreillette*, et l'autre, *ventricule.*

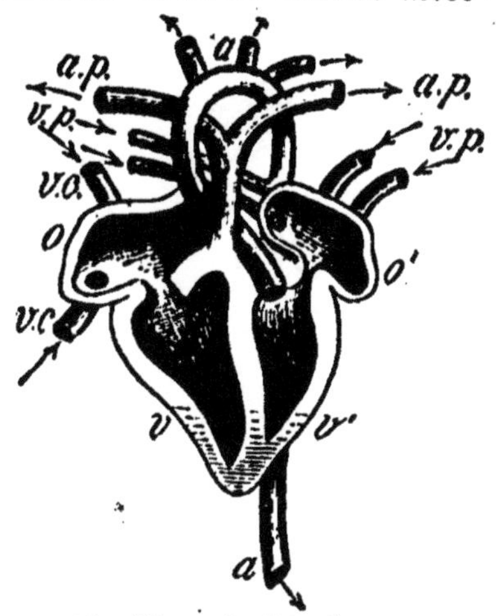


Fig. 29. — Cavités du cœur.

*Cœur droit : o*, oreillette droite; *v*, ventricule droit; *v c*, veines caves versant le sang dans l'oreillette; *a p*, artères pulmonaires conduisant le sang aux poumons.
*Cœur gauche : o'*, oreillette recevant le sang des veines pulmonaires *v p; v'*, ventricule lançant le sang dans l'artère aorte *a :* cette artère est recourbée en crosse.

**9.** Le sang part du ventricule gauche *b* (*fig.* 29) et se rend dans l'*artère aorte*, dont les ramifications *c* vont le porter dans les *vaisseaux capillaires*[1] *d*, d'où il passe dans les *veines e.* Celles-ci le ramènent à l'état de sang *veineux* dans l'oreillette droite *h*, qui l'envoie dans le ventricule droit *i;* ce dernier le lance dans l'artère *pulmonaire f*, qui le conduit dans les vaisseaux capillaires des poumons. Là il se débarrasse de son acide carbonique, exhalé par l'expiration, et se revivifie au contact de l'air pur qui pénètre à chaque inspiration et dont il dissout l'oxygène; il change de couleur : de noir qu'il était, il devient rouge et est ramené par les veines

1. *Vaisseaux capillaires.* Ils sont ainsi appelés parce qu'ils sont fins comme des cheveux; *capillaire* vient d'un mot latin signifiant *cheveu.*

*pulmonaires g* dans l'oreillette gauche *a*, d'où il passe dans le ventricule gauche *b*, qui le lance dans l'artère aorte pour recommencer son perpétuel voyage de circulation[1]. On le nomme alors sang *artériel*. L'aorte *a* (*fig.* 29) se divise en artères de plus en plus petites, qui portent le sang dans toutes les parties du corps pour les nourrir. (La figure 30 n'est pas tout à fait exacte : elle a simplement pour but de faire comprendre le mécanisme de la circulation.)

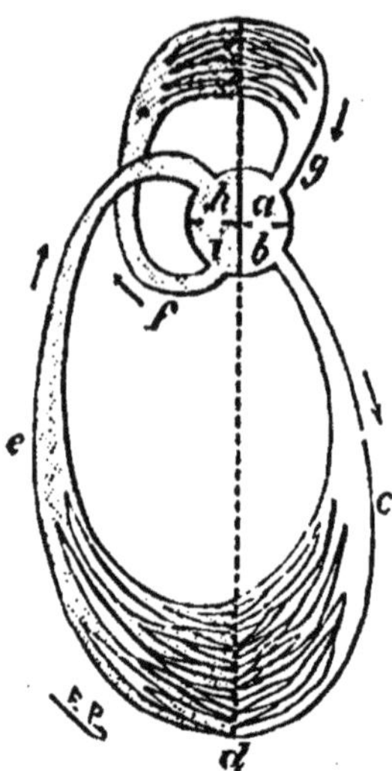


Fig. 30. — Figure théorique représentant la circulation du sang chez l'homme.

Les artères et les veines sont des tubes ou tuyaux qui diffèrent en ce sens que les veines ont des parois minces et flexibles s'affaissant si on les coupe, de sorte qu'elles se ferment promptement ; tandis que les artères sont raides et restent ouvertes lorsqu'on les coupe, ce qui fait que le sang continue à couler si l'on n'a pas soin de lier le membre au-dessus de la coupure, ou de comprimer fortement la plaie avec un tampon de linge : elles sont presque toujours situées à l'intérieur des membres ou des organes, ce qui est fort heureux, car cela les préserve des accidents ; la coupure d'une artère est beaucoup plus dangereuse que celle d'une veine.

**10. Sang.** — Le sang est un liquide formé d'eau et d'*albumine*[2], dans lequel il y a une quantité considérable de corpuscules[3] rouges, ronds et aplatis, invisibles à l'œil nu, et qu'on appelle *globules*. Ce sont ces globules

1. *Circulation* vient du mot *cercle* et veut dire mouvement *circulaire*, en rond : le sang parcourt, en effet, continuellement le même cercle.
2. *Albumine*, substance analogue au blanc de l'œuf, qui se coagule par la chaleur.
3. *Corpuscule*, corps très petit.

rouges qui vont, avec le sang artériel, porter l'oxygène dans tous nos organes; ils passent ensuite dans le sang veineux, qui se charge de l'acide carbonique provenant de la combustion du carbone par l'oxygène pour s'en débarrasser dans les poumons.

### 3° DIGESTION

**11.** Le sang, avons-nous dit, s'en va dans toutes les parties du corps pour les nourrir ; la nourriture qu'il leur donne lui est fournie par l'une des plus importantes fonctions de nutrition : la *digestion.* On peut dire que la digestion est l'opération par laquelle les aliments sont transformés en sang.

**12. Appareil digestif.** — La digestion se fait dans le *canal digestif.* Il commence à la *bouche a* (*fig.* 31), qui se continue par l'*arrière-bouche b;* celle-ci communique avec un tuyau nommé *œsophage c*, qui débouche dans l'*estomac d;* à la suite de l'estomac se trouve l'*intestin grêle*[1] *g*, *h*, *i*, puis le *gros intestin k*, *m*, *n*, *o*, *p*, *q*, *r*. A cet appareil sont annexés des organes appelés *glandes*, qui sécrètent différents liquides nécessaires à la digestion ; ce sont : les *glandes salivaires*, le *foie e* et le *pancréas f*.

**13. La bouche.** — Nous introduisons les aliments dans notre *bouche*. C'est une cavité formée par les joues, les mâchoires et les lèvres; elle renferme la *langue*, les *glandes salivaires* et les *dents*.

**14. Les dents.** — Elles sont formées d'une matière pierreuse nommée *ivoire*, recouverte, à la partie supérieure, d'une substance très dure et très cassante appelée *émail*. Elles ont différentes formes, d'après lesquelles on les divise en *incisives*, en *canines* et en *molaires*. Les *incisives*, ou dents de devant, sont ainsi nommées

---

1. *Grêle* veut dire ici petit, étroit. L'*intestin grêle* est ainsi appelé parce qu'il est beaucoup moins large que le *gros intestin*.

parce qu'elles servent à *couper* les aliments, attendu qu'elles sont amincies et tranchantes; les *canines*, placées à gauche et à droite des incisives, sont pointues comme les crocs du *chien ;* les *molaires* sont larges et font l'office de *meules* pour broyer les aliments. Chacune des deux moitiés d'une même mâchoire (*fig.* 32) renferme le même nombre et les mêmes sortes de dents.

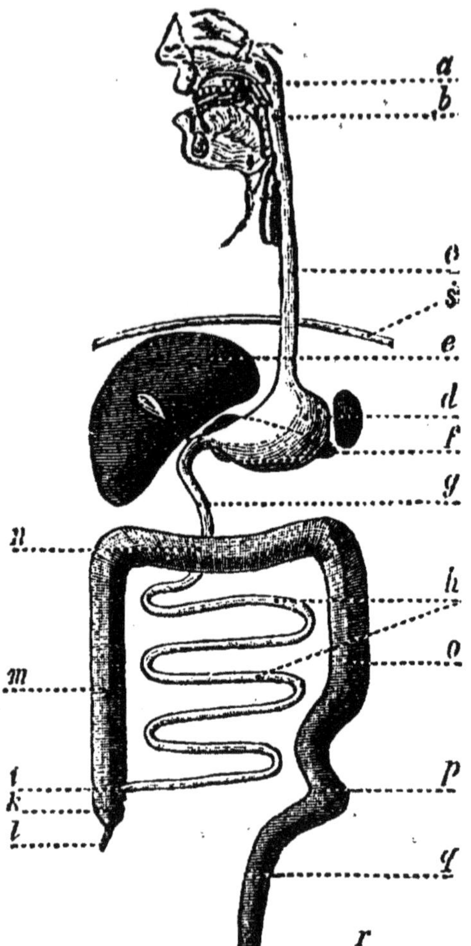


Fig. 31. — Le tube digestif et ses principales annexes (figure théorique).

L'homme en a trente-deux (seize à chaque mâchoire : quatre incisives, deux canines et dix molaires). Les enfants, jusqu'à l'âge de sept ans environ, n'en ont que vingt, appelées *dents de lait*, qui tombent et sont remplacées par d'autres. Les quatre dernières molaires n'apparaissent qu'entre vingt et trente ans : c'est pourquoi on les nomme *dents de sagesse.*

Lorsque les aliments ont été bien broyés et divisés par les dents, ils sont humectés par la *salive* (sécrétée par les glandes *salivaires*) qui les réduit en une espèce de pâte grossière, et qui possède la propriété de transformer en *sucre* la *fécule* du pain et des autres aliments *féculents*. Cette pâte est conduite par la langue dans l'*arrière-bouche;* de là elle passe dans l'*œsophage*, puis dans l'*estomac*.

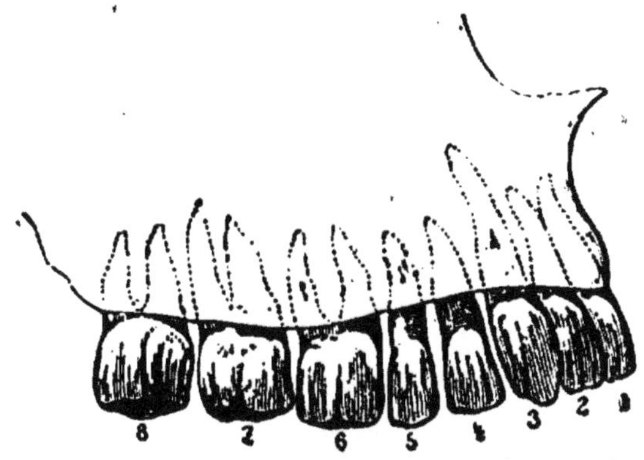


Fig. 32. — Dents de la mâchoire supérieure. — 1, 2, Dents incisives; 3, canine; 4, 5, petites molaires n'ayant qu'une racine; 6, 7, 8, grosses molaires à deux, trois racines.

**15. L'estomac.** — Il est placé (ainsi que les intestins, le foie et le pancréas) dans le *ventre*, qui est séparé de la poitrine par une membrane musculaire nommée *diaphragme* (*fig.* 33), s'élevant et s'abaissant alternativement pendant la respiration. L'estomac est une espèce de poche membraneuse, en forme de poire, couchée horizontalement du côté gauche. Sa membrane muqueuse sécrète un liquide très acide, appelé *suc gastrique*, qui a la propriété de dissoudre l'albumine, la viande et toutes les substances azotées.

**16.** Lorsque les aliments ont été *digérés* par l'estomac, ils forment une espèce de bouillie qui passe dans l'*intestin grêle*. Celui-ci reçoit un liquide nommé *suc pancréatique* sécrété par une glande grosse comme le poing, le *pancréas ;* ce suc a la propriété de dissoudre les matières grasses telles que le beurre, l'huile et la graisse. L'intestin grêle reçoit, en outre, la *bile*, liquide verdâtre qui vient aider le suc pancréatique à dissoudre les substances grasses et à achever la digestion ; elle est sécrétée par une glande volumineuse, placée à droite, le *foie*.

Quand tous les aliments ont été dissous, il en résulte

un liquide blanc qui pénètre, par les petites ouvertures en nombre infini dont est percé l'intestin grêle, dans le sang, avec lequel il se mélange. La partie des aliments

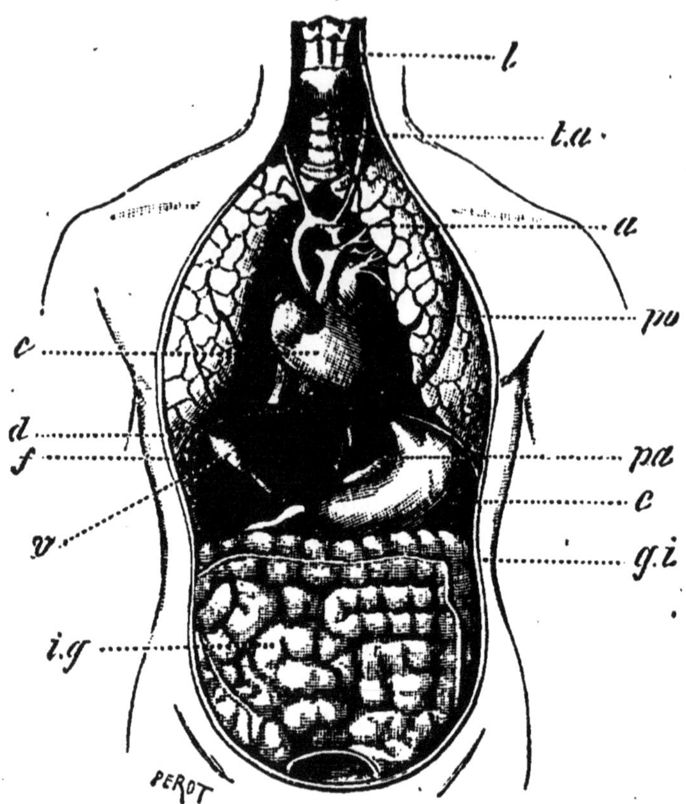


Fig. 33. — Organes de la nutrition. — *Respiration :* *l*, larynx; *t a*, trachée-artère; *p o*, poumons; *d*, diaphragme. — *Circulation :* *c*, cœur; *a*, artère aorte. — *Digestion :* *e*, estomac; *p a*, pancréas; *f*, foie; *i g*, intestin grêle; *g i*, gros intestin.

qui n'a pas été digérée est rejetée au dehors, sous forme d'excréments, après avoir traversé le gros intestin.

Comme on le voit, la *respiration* purifie le sang, la *circulation* le transporte partout où sa présence est utile, et la *digestion* lui fournit, grâce aux aliments, les matériaux nécessaires à l'entretien de nos organes, car ceux-ci s'usent et se renouvellent continuellement.

L'appareil digestif des petits enfants diffère essentiellement de celui des grandes personnes.

En effet, tant que l'enfant n'a pas de dents, les diverses glandes, si nombreuses et si variées, dont la sécrétion concourt à la digestion chez l'adulte, sont encore incomplètement formées, et il ne peut digérer autre chose que du *lait*. Tout autre aliment est très dangereux, et amène tôt ou tard des accidents.

Quand un enfant crie, on se figure qu'il a faim : c'est souvent une erreur. L'enfant pleure habituellement parce qu'il souffre. Et, comme il pleure souvent parce qu'il a la colique, c'est une étrange manière de le calmer que de le gorger de nourriture indigeste, qui le fera souffrir davantage. Combien voit-on de ces petits êtres souffreteux, aux membres grêles, au ventre ballonné, aux traits flétris, à la figure triste et renfrognée ! On dirait de petits vieux : ce sont des victimes des préjugés sur l'alimentation. Voyez cet autre enfant, élevé par une mère intelligente : sa figure fraîche et rose appelle les baisers, et dans ses yeux radieux les larmes sont remplacées par les plus doux sourires.

Savez-vous qu'il périt, chaque année en France, cent cinquante mille enfants avant l'âge d'un an? Cent cinquante mille petits Français dont les trois quarts meurent victimes de la stupidité de leurs mères ou de leurs nourrices, qui s'obstinent à faire avaler aux malheureux petits êtres une nourriture impropre à leur alimentation !

Il est triste de penser que, chez les animaux les plus humbles, on ne constate pas une telle aberration.

---

## Applications à l'hygiène.

Sommaire. — 17. Nécessité de l'air pur pour la transformation du sang veineux en sang artériel. — 18. Le pouls; la fièvre. — 19. Saignement de nez. — 20. Soins qu'exigent les dents. — 21. Nécessité de manger lentement. — 22. L'intempérance : indigestion, gastrite, colique.

**17.** Nous avons vu, en parlant de l'air, combien il est nécessaire que celui que nous respirons soit toujours pur; l'étude que nous venons de faire de la respiration et de la circulation nous fait comprendre pourquoi. S'il n'est pas pur, c'est-à-dire s'il ne contient pas une quantité suffisante d'oxygène, la transformation du sang veineux en sang artériel se fait d'une manière incomplète, de sorte que les globules du sang ne reçoivent pas assez d'oxygène pour entretenir la vie dans nos organes : il en résulte des maladies de langueur, telles que l'*anémie*, ou des maladies de poitrine si communes et trop souvent mortelles (surtout la terrible *phtisie*), et enfin, dans certains cas, la mort par *asphyxie*. La gymnastique est très utile parce qu'elle donne de la force aux muscles qui font mouvoir les côtes, ce qui développe la poitrine, c'est-à-dire en augmente la capacité et permet à l'air de pénétrer en plus grande quantité dans toutes les cellules des poumons; il en est de même des jeux : c'est pourquoi il faut, enfants, vous livrer au jeu avec toute l'ardeur de votre âge, vous n'en travaillerez que mieux en classe.

Il est aussi de votre intérêt, vous le savez, d'entretenir la peau de votre corps très propre, car elle est percée d'une multitude de petits trous que la malpropreté bouche, de telle sorte que l'air y entre alors difficilement ; c'est préjudiciable à votre santé, attendu qu'il s'effectue une autre respiration par toute la surface de la peau : la preuve, c'est que, si l'on recouvre d'un enduit imperméable le corps d'un homme ou d'un animal, celui-ci, au bout d'un certain temps, meurt asphyxié.

**18.** Le sang, avons-nous dit, circule, c'est-à-dire qu'aussitôt arrivé dans les oreillettes il passe dans les ventricules, d'où il est lancé dans les vaisseaux sanguins qui le conduisent aux poumons et dans tous nos organes ; ces mouvements ont lieu, chez l'homme, de soixante à quatre-vingts fois par minute et se répètent dans les artères, où l'on peut les constater, surtout au poignet : c'est ce qu'on appelle *tâter le pouls*. Cette constatation donne au médecin des indications sur l'état d'un malade, car, lorsqu'on a la fièvre, les pulsations[1] sont beaucoup plus rapides : cent à cent trente par minute.

**19. Saignement de nez.** — Lorsqu'il n'est pas fréquent, on ne doit pas chercher à le faire cesser, parce qu'il préserve, assez souvent, d'une *congestion cérébrale*[2], à moins que l'enfant ou la personne qui en est atteinte n'ait une constitution faible et délicate : dans ce cas, il faut l'arrêter le plus vite possible. Pour cela, on fait tenir la tête droite, les bras élevés ; on rafraîchit le front et la narine avec un mouchoir imbibé d'eau froide et on place entre les épaules un objet froid, une clef, un morceau de marbre, ou une compresse d'eau fraîche.

**20.** Tout le monde sait combien les dents sont utiles pour broyer et diviser les aliments : il faut donc en avoir bien soin, les laver chaque matin et même après chaque repas avec une brosse à dents et un peu d'eau tiède, aromatisée avec quelques gouttes du dentifrice 10°, page 196. C'est d'autant plus nécessaire que, lorsqu'elles ne sont pas soignées, elles se gâtent, ce qui cause de vives douleurs.

**21.** Les enfants, et même quelques grandes personnes, ont la mauvaise habitude de manger trop vite, c'est-à-dire d'avaler les aliments avant qu'ils soient complètement réduits en pâte : il est dangereux d'agir ainsi parce que l'estomac, obligé à un surcroît de travail, finit par être malade. Ce n'est pas ce que l'on mange qui nourrit, mais ce que l'on digère ; pour que les aliments soient digérés, il est nécessaire de les diviser complètement.

**22.** D'accord avec le proverbe : *il faut manger pour vivre et non vivre pour manger*, l'hygiène recommande de ne pas faire d'excès. Celui qui mange trop s'expose à une *indigestion*, qui fait beaucoup souffrir ; de plus, il impose à la muqueuse de l'estomac un travail fatigant, susceptible de produire dans cette membrane une inflam-

---

1. *Pulsation*, battement des artères qui constitue le *pouls*.
2. *Cérébral*, qui a rapport au *cerveau*.

mation nommée *gastrite*, maladie très difficile à guérir.

L'intestin grêle peut aussi être malade si l'on mange des fruits verts ou acides : cela donne des *coliques*.

---

## RÉSUMÉ

1. Les principales fonctions du corps sont : la *respiration*, la *circulation* et la *digestion*. — 2. Nous *aspirons* l'air, puis nous l'*expirons*. — 3. 4. Les principaux organes de la respiration sont les *poumons*. Par l'*inspiration*, nous introduisons l'air dans notre poitrine; par l'*expiration*, nous expulsons l'air contenu dans nos poumons. — 5. 6. L'oxygène de l'air *brûle* le carbone et l'hydrogène qui se trouvent dans nos organes. La *combustion* qui en résulte produit une chaleur appelée *chaleur animale*. L'usage du corset a des conséquences terribles pour la santé. En comprimant les côtes, il les empêche de contribuer au bon fonctionnement de la respiration. En outre, il porte sur le cœur, l'estomac et le foie, c'est-à-dire qu'il comprime les organes essentiels de la respiration, de la circulation et de la digestion. Il constitue un véritable supplice, et est la cause de la plupart des maladies dont souffrent les femmes; c'est une mode barbare. — 7. 8. Le principal organe de la circulation est le *cœur*, placé dans la poitrine, entre les deux poumons. — 9. Le sang part du cœur, va dans les *artères*, puis dans les *vaisseaux capillaires*, d'où il passe dans les *veines*, qui le ramènent au cœur; ensuite il va dans les poumons, et revient, purifié, dans le cœur. — 10. Le sang est un liquide formé d'eau et d'*albumine*, dans lequel il y a des *globules*. — 11. Par la digestion, les aliments sont transformés en sang. — 12. La digestion se fait dans le *canal digestif*. — 13. 14. Dans la *bouche* se trouvent les *dents*, qui broient les aliments. — 15. 16. L'*estomac* sécrète le *suc gastrique*. De l'estomac, les aliments passent dans l'*intestin grêle*, puis dans le sang. L'estomac des petits enfants ne peut pas digérer autre chose que du *lait*; en France, il en meurt chaque année 150000, dont les trois quarts périssent parce qu'on leur donne une nourriture impropre à leur alimentation. — 17. Il est nécessaire que l'air que nous respirons soit toujours pur. — 18. Le sang circule dans tous nos or-

ganes. — 19. On arrête le saignement de nez avec de l'eau froide. — 20. 21. 22. Il faut se laver les dents chaque jour, et ne pas manger trop vite ni avec excès.

---

## EXERCICES DE RÉDACTION

### PRÉPARATOIRES A L'EXAMEN DU CERTIFICAT D'ÉTUDES

### I. — Histoire d'une bouchée de pain.

Racontez l'histoire d'une bouchée de pain et d'une bouchée de viande depuis le moment où vous les mettez dans votre bouche; vous indiquerez les organes par où elles passent et les différentes transformations qu'elles subissent. Vous direz ensuite quelles sont les règles d'hygiène qu'il faut observer pour éviter des maladies aux différents organes de l'appareil digestif.

### II. — La circulation du sang.

Un de vos camarades, qui n'a jamais étudié l'histoire naturelle, ne veut pas croire que nous avons du sang rouge et du sang noir.

Vous lui écrivez pour lui expliquer comment le sang artériel se change en sang veineux et par quel phénomène celui-ci, de noir qu'il était, redevient rouge, c'est-à-dire du sang artériel. Pour qu'il vous comprenne mieux, vous lui faites la description des organes de la circulation en lui expliquant à quoi ils servent.

---

# III. — LES ALIMENTS. LES BOISSONS. LA FERMENTATION. CONSERVATION DES MATIÈRES ALIMENTAIRES.

---

SOMMAIRE. — 1. Les aliments. — 2. Leur division : 1° aliments *azotés;* 2° aliments *combustibles.* — 3. Principaux principes azotés. — 4. Aliments combustibles. — 5. *Boissons.* — 6. La *fermentation.* — 7. Son importance. — 8. *Conservation des matières alimentaires.* — 9. Différents procédés. — 10. 1° Par le froid. — 11. 2° Par l'expulsion de l'air et de la chaleur. — 12. 3° Par les antiseptiques. — 13. Conservation des œufs.

**1.** On nomme *aliments* les substances qui servent à la

nutrition, c'est-à-dire à la nourriture de notre corps, après avoir été digérées.

**2.** Ce qui fait la valeur principale des aliments, c'est la présence de l'*azote;* c'est pourquoi on les divise en deux grandes catégories : 1° les aliments *azotés ;* 2° les aliments *combustibles.*

**3.** Les principes azotés les plus importants sont : l'*albumine*, contenue dans la viande et dans le blanc d'œuf; la *caséine*, qui se trouve dans le lait et dans le fromage; le *gluten*, contenu dans le pain, et avec lequel on fabrique les pâtes alimentaires telles que le vermicelle, le macaroni, etc. Les légumes secs : haricots, lentilles, etc., renferment aussi une grande quantité de principes azotés, ce qui les rend très nourrissants.

**4.** Les aliments combustibles comprennent : 1° les aliments *gras* comme l'huile, le beurre, la graisse; et 2° les aliments *féculents* tels que la farine des céréales, la pomme de terre, etc., auxquels on pourrait ajouter ceux qui contiennent du *sucre.*

Les œufs, le lait, le pain même, contenant les différents principes nutritifs, constituent des *aliments complets.*

**5. Boissons.** — Voici quelles sont les principales boissons : 1° l'eau ; 2° les boissons aromatiques (thé, café) ; 3° les boissons fermentées (vin, cidre, bière); 4° les boissons distillées ou alcooliques (eau-de-vie, rhum, absinthe, etc.).

1° L'*eau* est la meilleure de toutes les boissons quand elle est de bonne qualité (voy. chapitre III, page 39).

Le *lait* constitue un aliment complet. C'est la seule nourriture et la seule boisson qui conviennent aux jeunes enfants.

L'eau et le lait sont des boissons *naturelles;* les autres boissons (aromatiques, fermentées, distillées) sont *artificielles.*

2° Les boissons *aromatiques* (infusions de thé, de café) sont avantageuses pour la consommation des eaux impures, telles que les eaux des rivières, des canaux, etc.

3° Les boissons *fermentées* sont nuisibles quand on en abuse.

4° L'*usage* des boissons *distillées* est toujours nuisible à la santé ; il est même très dangereux et cause des troubles graves dans les fonctions *nerveuses*, ainsi que dans les fonctions *nutritives*.

**6. La fermentation.** — Sous l'influence de la *fermentation* produite par une infinité de petits êtres vivants appelés *ferments*[1], le sucre contenu dans les raisins et dans les pommes se transforme au contact de l'air : 1° en *acide carbonique*, qui se dégage ; 2° en *alcool*, qui reste dans le vin ainsi que dans le cidre, auxquels il donne leur force. Dans la fabrication de la bière, la fécule se change d'abord en sucre, puis celui-ci subit la transformation qui vient d'être indiquée pour le vin et le cidre. (Voy. pour la fabrication du vin, du cidre et de la bière, mes *Premières Notions de sciences*, cours élémentaire, pages 63 et 64.)

**7.** La *fermentation* est l'un des phénomènes les plus importants. Dans la fabrication du pain, c'est la fermentation produite par la petite quantité de *levain*[2] ajoutée à la pâte qui transforme la fécule, ou amidon, en sucre, et celui-ci en alcool et en acide carbonique (c'est cet acide qui, en cherchant à s'échapper, produit les trous qu'on remarque dans le pain, et qui le rendent plus léger, par conséquent d'une digestion plus facile).

**8. Conservation des matières alimentaires.** — Voici le moyen à employer pour empêcher la fermentation de se produire, c'est-à-dire pour prévenir la décomposition des substances organiques qui nous servent d'aliments : c'est de tuer le ferment ou d'en suspendre la vie, soit par une température trop basse ou trop élevée, soit par l'action de matières qu'on appelle *antiseptiques*, parce qu'elles empêchent la putréfaction.

---

1. *Ferments*. Ce sont des végétaux ou des animaux microscopiques dont les germes se trouvent dans l'air.

2. *Levain*. C'est de la pâte aigrie, qui renferme beaucoup de ferments.

**9.** Pour que les ferments agissent, c'est-à-dire pour que la fermentation ait lieu, il faut une certaine température, de l'eau et la présence de l'oxygène : par conséquent il sera nécessaire, pour conserver les substances alimentaires, de les mettre à l'abri d'une ou de plusieurs de ces conditions. De là différents procédés de conservation, dont les principaux sont : le *froid*, l'*expulsion de l'air* et l'*emploi des antiseptiques*.

**10.** Aujourd'hui que l'industrie a trouvé le moyen de produire le froid économiquement, on peut conserver pendant longtemps le poisson et la viande.

**11.** Le procédé le plus simple et le plus employé, qu'on appelle (du nom de son inventeur) procédé *Appert*, c'est l'expulsion de l'air. Les conserves de légumes frais (petits pois, asperges, etc.), de thon, de saumon, de homard, etc., ainsi que les sardines à l'huile, jouent un très grand rôle dans l'alimentation.

**12.** On se sert aussi des *antiseptiques*, dont les principaux sont : le *sel*, le *vinaigre*, l'*alcool*, l'*acide carbonique*, etc. C'est le sel qui est le plus employé. A la campagne, on conserve le porc d'une année à l'autre en superposant des couches de sel et de morceaux de viande.

**13. Conservation des œufs.** — Un produit qu'il est très important de conserver, ce sont les *œufs* qui, en hiver, se vendent fort cher. Pour cela, il faut empêcher l'air de pénétrer à l'intérieur par les petits trous ou *pores* invisibles et très nombreux dont la coque est percée. Le procédé le meilleur consiste à les déposer un à un dans un petit baril contenant un lait de chaux assez épais (1 kilogramme de chaux dissous dans une dizaine de litres d'eau), auquel on a ajouté quelques centièmes de sucre; on peut ne les y laisser que quelques jours et les conserver comme il vient d'être dit : la coque s'est recouverte d'une légère couche de chaux qui bouche les trous.

Il faut avoir soin de les placer dans un endroit sec, où la température soit de 6 à 10°, et se rappeler que la gelée les fait gâter.

## Applications à l'hygiène.

### Abus du tabac. — Dangers des boissons alcooliques.

SOMMAIRE. — 14. Utilité de la cuisson des aliments ; sa nécessité pour la viande, surtout celle de porc. — 15. *Abus du tabac.* Ses effets sont dangereux pour les enfants. — 16. *Dangers des boissons alcooliques.*

**14.** La plupart de nos aliments ont besoin d'être cuits ; ils sont alors plus faciles à digérer. C'est même absolument nécessaire pour la viande, surtout celle du porc, car cet animal est sujet à une maladie causée par des milliers de petits vers appelés *trichines*, qui rongent sa chair ; ils peuvent également dévorer celle de l'homme, et le faire mourir après des souffrances atroces. C'est pourquoi le jambon, la charcuterie et la viande de porc doivent être soumis à une cuisson suffisante pour tuer les trichines.

D'une manière générale, la cuisson purifie, assainit les aliments, et nous préserve de l'absorption de certains animaux parasites vivants, surtout de ceux qu'on nomme *vers intestinaux*, dont la présence occasionne des maladies.

**15. Abus du tabac.** — Le tabac à fumer contient un poison tellement violent, la *nicotine*, qu'une goutte suffit pour tuer un chien ; ce poison agit sur le cerveau, en faisant perdre d'abord la mémoire et en affaiblissant graduellement les autres facultés intellectuelles. Il détériore aussi l'estomac et trouble la digestion, fait perdre l'appétit, altère le sens du goût et fait gâter les dents, etc. L'abus du tabac a une conséquence redoutable : c'est la soif que l'on éprouve quand on a beaucoup fumé et qui fait contracter l'habitude de la boisson. Il est mauvais pour les hommes, à plus forte raison pour les enfants : pour ceux-ci l'usage du tabac est dangereux.

**16. Dangers des boissons alcooliques.** — Ce

qui est par-dessus tout funeste à la santé, c'est l'abus du vin et surtout l'usage de l'*eau-de-vie*, qu'on devrait plutôt appeler l'*eau de mort;* car, bien loin d'entretenir la vie et encore moins de la prolonger, elle l'abrège et la rend même insupportable par le triste cortège de maladies qu'elle traîne avec elle. C'est principalement sur le cerveau qu'elle agit; elle le détériore en affaiblissant les plus belles facultés de l'intelligence : l'alcoolisme fait perdre la mémoire et la raison, abrutit l'homme et le dégrade au point de le faire descendre au-dessous des animaux.

L'alcool, sous toutes ses formes, est l'un des poisons les plus terribles; il est d'autant plus dangereux qu'on se figure généralement qu'il est inoffensif. Il est prouvé que l'alcoolisme fait mourir plus de personnes que la peste et le choléra réunis; en outre, il fait commettre les plus grands crimes : il a poussé des jeunes gens, presque des enfants, à devenir des incendiaires et des assassins. Et, quand on a pris l'habitude de boire de l'eau-de-vie ou de l'*absinthe*, il est presque impossible de s'en débarrasser.

L'alcool n'attaque pas seulement le cerveau, il agit aussi sur l'estomac par son action irritante; alors celui-ci ne peut plus fonctionner, et le malheureux *alcoolique*, pour se donner une force passagère, absorbe des quantités de plus en plus considérables de mauvaise eau-de-vie qui le fait mourir prématurément après lui avoir fait endurer toutes sortes de souffrances. Il est sujet à des cauchemars et à des hallucinations épouvantables qui lui font pousser des cris déchirants; il croit être attaqué par des araignées gigantesques, ou par des bandes de rats qui veulent le dévorer tout vivant; d'autres fois, il se voit entouré de flammes qui le brûlent, ou bien il est persuadé qu'on va le guillotiner, et il voit l'échafaud dressé devant lui : alors, ses cheveux se hérissent, il sue à grosses gouttes, pousse des crix affreux, et, pour échapper à l'angoisse horrible qui l'étreint, il se frappe lui-même à coups de couteau. Il y en a qui se jettent par la fenêtre, d'autres qui se précipitent dans l'eau et se noient.

L'alcoolisme des parents a sur la santé des enfants une influence considérable et pernicieuse : les idiots, les imbéciles, les épileptiques, les dégénérés de toute sorte sont, pour la plupart, les malheureux descendants d'alcooliques. Quelle terrible responsabilité pour les parents ! Enfants, croyez-en un de vos amis et suivez son conseil ; fuyez l'eau-de-vie et l'absinthe comme la peste : n'en buvez jamais, car ce sont des poisons.

---

## RÉSUMÉ

1. 2. Les *aliments* se divisent en aliments *azotés* et en aliments *combustibles*. — 3. 4. Les principaux aliments azotés sont : la viande, les œufs, le lait, le pain, les haricots, etc. Les aliments combustibles comprennent : les aliments *gras*, comme le beurre, et les aliments *féculents*, comme la pomme de terre. — 5. L'eau est la meilleure boisson. — 6. La *fermentation* transforme le sucre des raisins et des pommes en *acide carbonique* et en *alcool*. — 7. C'est l'un des phénomènes les plus importants. — 8. 9. On l'empêche de se produire en employant le *froid* ou les *antiseptiques*. — 10. 11. Au moyen du froid, on conserve la viande et le poisson. — 12. Les principaux antiseptiques sont : le *sel*, le *vinaigre*, l'*alcool*, etc. — 13. Pour conserver les œufs, on les dépose dans un baril contenant un lait de chaux. — 14. La plupart des aliments doivent être bien cuits. — 15. Le tabac contient un poison violent, les enfants font bien de ne pas prendre l'habitude de fumer. — 16. L'abus du vin, et surtout l'*usage* de l'eau-de-vie, sont très dangereux : l'ivrognerie dégrade l'homme et le fait descendre au-dessous des animaux. L'alcool est un poison terrible ; l'alcoolisme fait mourir plus de personnes que la peste et le choléra réunis : en outre, il fait commettre les plus grands crimes et fait endurer des souffrances atroces.

---

## EXERCICE DE RÉDACTION

### PRÉPARATOIRE A L'EXAMEN DU CERTIFICAT D'ÉTUDES

### L'ivrognerie.

Un jour, en vous rendant à l'école, vous avez vu un homme d'un certain âge qui riait, chantait, gesticulait et faisait toutes sortes de grimaces; il était ivre.

Vous écrivez à l'un de vos amis pour lui dire les sentiments que ce spectacle vous a inspirés; vous raconterez tout ce que vous avez vu, et, si vous n'avez jamais été témoin d'une scène semblable, vous imaginerez ce que la perte de la raison a pu faire faire à ce malheureux; il vous sera facile de supposer quelle est sa conduite envers sa femme et ses enfants, les crimes qu'il peut commettre par inconscience, etc. Vous terminerez en indiquant les terribles conséquences de l'abus des boissons alcooliques.

---

## IV. — LES ANIMAUX. CLASSIFICATION

Sommaire. — 1. Division des animaux en *quatre embranchements :* vertébrés, annelés, mollusques, rayonnés. — 2. Ce qui caractérise chaque embranchement. — 3. Les *vertébrés* forment *cinq classes.* — 4. 1° Les *mammifères.* Division de la classe des *mammifères* en *ordres.* — 5. Ordre des bimanes : l'homme. — 6. Ordre des quadrumanes : les singes. — 7. Les insectivores. — 8. Les carnivores. — 9. Les herbivores. — 10. Les rongeurs. — 11. Les ruminants. — 12. Les pachydermes. — 13. Les mammifères marins. — 14. 2° Les *oiseaux.* — 15. Oiseaux de proie : diurnes et nocturnes. — 16. Les passereaux. — 17. Les grimpeurs. — 18. Les échassiers. — 19. Les gallinacés. — 20. Les palmipèdes. — 21. 3° Les *reptiles.* — 22. Ce qu'il faut faire pour guérir les morsures de vipère. — 23. 4° Les *batraciens.* — 24. 5° Les *poissons.* — 25. Les *annelés :* les insectes. — 26. Métamorphoses des insectes. — 27. Les vers : dangers du ténia et de la trichine. — 28. Les *mollusques* et les *rayonnés.* — 29. Principaux mollusques. — 30. Principaux rayonnés.

**1.** Il existe un nombre si considérable d'animaux différents, qu'il serait impossible de les connaître si l'on était obligé de les étudier individuellement : c'est pourquoi on les a groupés, d'après certaines ressemblances, certains *caractères*, en quatre grandes catégories appelées *embranchements ;* ce sont : 1° les *vertébrés ;* 2° les *annelés ;* 3° les *mollusques ;* 4° les *rayonnés.* Ces trois dernières sont souvent réunies sous la dénomination commune d'*invertébrés.*

**2.** Les *vertébrés* sont *caractérisés* par la présence de la colonne *vertébrale ;* les *annelés,* par les *anneaux* dont leur corps est formé ; les *mollusques,* par leur corps *mou ;* enfin les *rayonnés,* par la forme de leur corps dont les différentes parties ressemblent à des *rayons* qui partent d'un point central ou noyau.

Chacun de ces quatre embranchements comprend plusieurs groupes qu'on nomme des *classes.*

### LES VERTÉBRÉS

**3.** L'embranchement des *vertébrés* est le plus important. Il se divise en cinq classes : les *mammifères,* les *oiseaux,* les *reptiles,* les *batraciens* et les *poissons.*

Les *mammifères* et les *oiseaux* sont des animaux à *sang chaud ;* les *reptiles,* les *batraciens* et les *poissons,* sont des animaux à *sang froid :* il en est de même des trois autres embranchements. Il est facile de constater en prenant dans sa main soit une grenouille, soit un poisson, soit un ver de terre, soit une limace, qu'on ressent une impression de froid.

**4.** 1° **Les mammifères.** — Ils sont supérieurs à tous les autres animaux, et sont ainsi appelés parce qu'ils ont des *mamelles.*

La classe des mammifères se divise à son tour en un certain nombre de groupes nommés *ordres,* dont les principaux sont : les *bimanes,* les *quadrumanes* [1], les *insectivores,* les *carnivores,* les *rongeurs,* les *ruminants* et les *pachydermes.*

**5.** L'homme est le premier des mammifères ; il forme

1. *Bimanes. Quadrumanes.* Le mot *manes* signifie *mains ; bi* veut dire deux, et *quadru,* quatre. *Bimane* signifie donc qui a deux mains, et *quadrumane* qui en a quatre. Les animaux qui ont quatre pieds, comme les bestiaux, s'appellent des *quadrupèdes* (*pèdes* veut dire pieds) ; ceux qui n'en ont que deux, comme les oiseaux, sont des *bipèdes.* L'homme est *bimane* et *bipède.*

à lui seul l'ordre des *bimanes* et peut être pris comme type de la classe des mammifères.

**6.** L'ordre des *quadrumanes* comprend les *singes;* ce sont les animaux qui, par la conformation de leur corps, ressemblent le plus à l'homme. L'un des plus grands, l'*orang-outang* (*fig.* 34), est remarquable par sa force, qui le rend redoutable.

Fig. 34. — Orang-outang (hauteur : 1m,40)

**7.** Les *insectivores*, comme leur nom l'indique, se nourrissent d'*insectes;* ce sont : le *hérisson*, la *musaraigne* et la *taupe*, qui sont utiles à l'agriculture.

On peut rapprocher des insectivores les *chauves-souris*, qui se nourrissent aussi d'insectes nuisibles : c'est pourquoi il ne faut pas les détruire. (Ce ne sont pas des oiseaux, comme on serait tenté de le croire.)

**8.** Les *carnivores*, ou *carnassiers*, sont ainsi appelés parce qu'ils dévorent la chair des autres animaux. Ce sont d'abord les *chats*, qui comprennent le *chat* proprement dit, le *lion* (surnommé le roi des animaux) (*fig*. 35), le *tigre* et le *jaguar;* ensuite les *chiens;* enfin, les *hyènes*, les *panthères*, les *ours*, etc. La plupart des animaux féroces habitent l'Asie, l'Afrique ou l'Amérique. En Europe, il y a le *loup*, le *renard*, qui se rapprochent du *chien;* la *fouine*, le *putois*, la *loutre*, etc. Tous ces animaux (sauf nos chats et nos chiens) sont nuisibles.

Fig. 35. — Lion d'Afrique (hauteur : 1 mètre).

**9.** Les autres mammifères dont nous allons nous occuper sont *herbivores*, c'est-à-dire se nourrissent d'*herbe*.

**10.** L'ordre des *rongeurs* renferme le *lièvre*, le *lapin*, l'*écureuil*, le *rat*, la *souris*, le *campagnol*, le *loir*, la *marmotte*, etc. Ces animaux sont ainsi nommés parce que leurs dents sont disposées de manière à pouvoir *ronger* les plantes, les fruits, le bois même.

**11.** L'ordre des *ruminants* comprend les principaux de nos animaux domestiques, le *bœuf*, la *vache*, le *mouton*, la *chèvre;* et, en outre, de grands animaux tels que le *chameau*, le *lama*, la *girafe*, le *cerf*, le *renne*, etc. Ils sont ainsi appelés parce qu'ils *ruminent*, c'est-à-dire font passer de leur estomac dans leur bouche les aliments qu'ils ont déjà avalés, pour les broyer de nouveau et les digérer ensuite plus facilement.

Fig. 36. — Eléphant d'Asie.

**12**. On range dans l'ordre des *pachydermes*[1] : 1° l'*éléphant* (*fig*. 36), remarquable par sa trompe et ses deux énormes dents en ivoire, appelées *défenses;* 2° le *cheval*, l'*âne* et le *mulet;* 3° le *porc* ou *cochon*, le *sanglier*, l'*hippopotame* et le *rhinocéros*, qui a sur le nez une corne très dure.

**13**. Les autres animaux de cette classe sont appelés

Fig. 37. — La baleine (longueur : 25 à 30 mètres).

mammifères *marins* ou *aquatiques*, parce qu'ils habitent

---

1. *Pachyderme*. Ce mot est composé de deux parties : *pachy*, signifiant *épais*, et *derme*, qui veut dire *peau;* un *pachyderme* est donc un animal à peau épaisse.

la mer; ils vivent à la surface de l'eau, mais non pas sous l'eau comme les poissons, avec lesquels on les confond quelquefois. Les principaux sont : le *phoque*, la *baleine* (le plus grand de tous les animaux) (*fig.* 37); le *cachalot*, etc.

Fig. 38. — Chat-huant.

**14. 2° Les oiseaux.** — Ils ont des ailes, leur corps est recouvert de plumes et leur tête terminée par un bec corné très dur; ils pondent des œufs. L'œuf est formé de trois parties : 1° une coquille pierreuse; 2° le *blanc* ou *albumine*, qui en est la partie la plus nourrissante; 3° le *jaune*, à la surface duquel se trouve le germe de l'oiseau. En soumettant un œuf à une température de 35 à 40° pendant une vingtaine de jours environ, il s'y forme un oiseau qui, après avoir absorbé le jaune et le blanc, perce la coquille d'un coup de bec. Ordinairement c'est la femelle qui donne à ses œufs la chaleur nécessaire en les couvant; mais on peut aussi les faire éclore par la chaleur artificielle dans des espèces de boîtes appelées *couveuses*.

Les principaux ordres de la classe des oiseaux sont : les *oiseaux de proie*, les *passereaux*, les *grimpeurs*, les *échassiers*, les *gallinacés* et les *palmipèdes*.

**15.** Comme leur nom l'indique, les *oiseaux de proie* se nourrissent de chair; les uns sont *diurnes*, c'est-à-dire chassent pendant le jour, et sont presque tous nuisibles, tels que l'*aigle*, surnommé le roi des oiseaux, l'*épervier*, l'*émerillon*, etc.; les autres sont *nocturnes*, c'est-à-dire sortent la nuit, tels que le *hibou*, la *chouette*, le *chat-huant* (*fig.* 38), etc., qui sont très utiles parce qu'ils dévorent les rats, les souris et autres animaux nuisibles.

**16.** A l'ordre des *passereaux* appartiennent tous nos petits oiseaux utiles, qu'il ne faut jamais détruire, depuis le *roitelet* et la *mésange* jusqu'à l'*hirondelle*.

**17.** Les *grimpeurs* doivent leur nom à la disposition de leurs doigts, dont deux sont dirigés en avant, et les deux autres en arrière, ce qui leur permet de *grimper* très facilement ; tels sont : le *perroquet*, le *coucou*, et le *pic*, qui détruit les insectes nuisibles logés dans le bois, mais qui fait des trous dans le tronc des arbres.

**18.** Les *échassiers* sont ainsi appelés parce que plusieurs d'entre eux ont de longues pattes, de sorte qu'ils semblent montés sur des *échasses ;* tels sont : la *cigogne*, la *grue*, le *héron* « au long bec emmanché d'un long cou », qui, « Un jour, sur ses longs pieds, allait je ne sais où », a dit notre bon La Fontaine. La *bécasse* et la *bécassine* (dont la chair est très délicate), le *pluvier*, le *vanneau*, le *râle* et la *poule d'eau*, sont aussi des échassiers.

**19.** Les *gallinacés*[1] comprennent les oiseaux connus sous le nom de *gibier*, comme le *faisan*, la *perdrix*, la *caille*, et plusieurs de nos oiseaux de basse-cour, tels que la *poule*, le *dindon*, la *pintade*, le *pigeon*.

**20.** Les *palmipèdes* renferment aussi plusieurs oiseaux de basse-cour, l'*oie*, le *canard*, et un assez grand nombre d'autres oiseaux qui vivent sur les bords de la mer, tels que les *mouettes*, les *goélands*, etc. Ils ont les pieds *palmés*, c'est-à-dire que leurs doigts sont réunis par une espèce de membrane en forme de *palme*, qui leur permet de nager très facilement. (Consulter, pour plus de développements sur les animaux domestiques et les oiseaux de basse-cour, mon livre d'agriculture ; voy. la note, page 16.)

**21.** 3° **Les reptiles**[2]. — Ce sont des animaux qui rampent ; ils ont le corps nu, ou garni d'écailles. On distingue : 1° les *tortues*, dont le corps est recouvert d'une

1. *Gallinacés.* Ce nom vient d'un mot latin signifiant *poule.*
2. *Reptile* veut dire qui rampe.

carapace très dure, et qui sont utiles ; 2° les *lézards*, qui sont tout petits et nous rendent de grands services parce qu'ils détruisent des animaux nuisibles ; 3° les *crocodiles* (*fig.* 39), qui sont redoutables ; 4° les *serpents*, qui

Fig. 39. — Crocodile (longueur variable jusqu'à 8 mètres).

n'ont pas de membres, tandis que les tortues et les lézards ont quatre pattes. Ils se divisent en *serpents venimeux* et en *serpents non venimeux*. Parmi les premiers, les plus dangereux sont : le *serpent à sonnettes* d'Amérique, et chez nous la *vipère*. On ne trouve en France, comme *serpent non venimeux*, que la *couleuvre*, qui est inoffensive, et utile parce qu'elle détruit les limaces, les limaçons et des insectes ; tandis que le *boa* d'Amérique, long de 8 à 10 mètres, est redoutable : il étouffe facilement un bœuf en s'enroulant autour de lui.

**22.** La morsure de la vipère est dangereuse et même mortelle. Pour la guérir, on suce la plaie (si l'on n'a pas d'écorchure dans la bouche), on la presse pour la faire saigner, on lie fortement le membre au-dessus de la morsure et on cautérise profondément la plaie avec un fer rougi à blanc, ou, à défaut, avec de l'ammoniaque ou de l'acide phénique ; ensuite on prend une boisson chaude à laquelle on ajoute un peu d'eau-de-vie.

**23. 4° Les batraciens[1].** — Les principaux sont : la *grenouille* et le *crapaud*. Ces animaux, qui sont très utiles et qu'on ne doit pas détruire, surtout le crapaud, subissent des transformations successives appelées *métamorphoses*. Il sort de l'œuf de la grenouille un petit animal *aquatique*[2] ayant une grosse tête (d'où son nom de *têtard*), et dont le corps est terminé par une longue queue. Plus tard apparaissent les quatre pattes en même temps que la queue diminue et finit même par disparaître : alors c'est une *grenouille*, c'est-à-dire un animal *aérien*[3]. Il en est de même pour le *crapaud*.

**24. 5° Les poissons.** — Ce sont des animaux exclusivement *aquatiques*, c'est-à-dire ne pouvant pas vivre ailleurs que dans l'eau, et dont la peau est couverte d'écailles. Ils ont des nageoires, qui leur servent à diriger leurs mouvements.

Les organes de la respiration, appelés *branchies*, ne ressemblent pas aux poumons des animaux aériens ; ce sont des espèces de lames dont les bords sont découpés

Fig. 40. — La Morue.

comme les dents d'un peigne, et qui servent aux poissons à respirer l'air dissous dans l'eau.

On les distingue en *poissons d'eau douce*, dont les principaux sont : l'*anguille*, la *carpe*, la *truite*, le *brochet*, et en *poissons de mer*, dont les plus connus sont : la *sar-*

---

1. *Batracien* vient d'un mot grec signifiant *grenouille*.
2. *Aquatique* veut dire qui vit dans l'*eau*, comme les poissons.
3. *Aérien* signifie qui vit dans l'*air*.

*dine*, le *hareng*, la *morue* (*fig.* 40) et, parmi les plus grands et les plus dangereux, le *requin* qui peut atteindre jusqu'à 10 mètres de long.

## LES ANNELÉS

**25.** Parmi les *annelés*, on distingue surtout les *insectes*, dont nous nous occuperons plus spécialement à cause de leur importance, car la plupart occasionnent chaque année de grandes pertes à l'agriculture.

Fig. 41. — Papillon du ver à soie.

A part l'*abeille*, le *carabe*, le *staphylin*, le *fourmi-lion*, le *ver luisant*, la *coccinelle*, la *libellule*, le *nécrophore* ou *fossoyeur*, qui sont utiles, presque toutes les autres espèces (et elles sont nombreuses, il y en a plus de 200000), sont nuisibles.

**26.** De même que la grenouille, les insectes ont des

Fig. 42. — Ver à soie.

Fig. 43.

changements appelés aussi *métamorphoses*. Ainsi le *papillon*, celui du ver à soie par exemple (*fig.* 41), pond des œufs tout petits, pas plus gros qu'une tête d'épingle ; de chaque œuf sort une chenille qui se nourrit de feuilles (*fig.* 42), et, après avoir changé quatre fois de peau, s'enferme dans un *cocon* où elle devient une *chrysalide* (*fig.* 43). Celle-ci, au bout d'un certain temps, est transformée en *papillon*, qui sort de son enveloppe.

Les cultivateurs savent le tort que leur font les *chenilles ;* c'est pourquoi il faut détruire impitoyablement tous les *papillons*, car, en tuant un papillon, on détruit toutes les chenilles auxquelles il aurait donné naissance. Mais on doit faire mourir promptement les animaux nuisibles et ne jamais les faire souffrir.

Ce qui caractérise les insectes c'est qu'ils ont tous six pattes. (L'araignée, qui en a huit, n'est pas un insecte.). La plupart ont des ailes, comme les *abeilles*, les *mouches*, les *hannetons*, etc. ; quelques-uns n'en ont pas : tels sont les *poux*, parasites dégoûtants, qui vivent aux dépens des enfants malpropres.

**27.** A l'embranchement des *annelés* appartiennent les *vers*, dont quelques-uns peuvent causer, chez l'homme, des maladies redoutables et même mortelles : tel est le *ténia* ou *ver solitaire*. Le porc est souvent rongé par des larves de ténias, qui se développent dans le corps de l'homme lorsque celui-ci mange de la viande de porc insuffisamment cuite ; il en est de même des *trichines*, ainsi que nous l'avons vu (page 166, n° 14).

## LES MOLLUSQUES ET LES RAYONNÉS

**28.** Ces deux embranchements comprennent des animaux moins importants.

**29.** Parmi les *mollusques*, il n'y a guère à citer que la *limace* et le *limaçon*, qui sont nuisibles ; l'*huître* et la *moule*, qui sont utiles parce qu'elles sont comestibles.

**30.** Enfin, au dernier rang des animaux, chez les *rayonnés*, on trouve l'*oursin* (*fig.* 44), qui ressemble à un gros marron recouvert de son enveloppe épineuse, le *polypier* (*corail*) (*fig.* 45), les *éponges* et les *infusoires*. Ces derniers sont tellement petits qu'on ne peut les voir qu'au microscope ; plusieurs espèces sont redoutables par le nombre considérable d'individus qu'elles renferment et qui peuvent occasionner des ma-

Fig. 44. — Oursin.

ladies terribles, telles que le charbon, la rage, que les

Fig. 45. — Le corail.

beaux travaux de M. Pasteur ont appris à guérir.

## Animaux utiles. Animaux nuisibles. Sociétés protectrices scolaires des oiseaux et des animaux utiles.

Sommaire. — 31. Quelques animaux sont utiles, beaucoup sont nuisibles. — 32. Le cultivateur détruit ceux qui sont utiles, parce qu'il ne les connaît pas. — 33. Utilité des *Sociétés protectrices scolaires des oiseaux et des animaux utiles.* — 34. Rôle des élèves. — *Tableau des animaux utiles.* — *Tableau des animaux nuisibles.*

**31**. Parmi les animaux, les uns sont les auxiliaires et les amis de l'homme, tandis que les autres (et ce sont les plus nombreux) sont ses ennemis, dévorent une partie des récoltes qu'il a tant de peine à faire venir et lui font subir ainsi chaque année des pertes considérables.

**32**. On voit par là de quelle importance il est pour lui, non seulement de connaître les animaux nuisibles et les moyens de les détruire, mais aussi de savoir quels sont ceux qui défendent ses récoltes et qu'il a, par conséquent, le plus grand intérêt à protéger. Malheureusement, il faut bien le dire, l'ignorance, sous ce rapport, est tellement grande que, presque partout, on cloue cruellement à la porte des granges, tout vivants, le hibou, la chouette, la chauve-souris ; on tue sans pitié le hérisson, le crapaud, le lézard, beaucoup de petits oiseaux et des insectes que l'on ne connaît pas, tels que le carabe, le staphylin, la coccinelle, etc., alors que toutes ces bêtes si précieuses devraient être soigneusement respectées et protégées.

**33**. Le mal est tellement grand, encore aggravé par la rigueur de l'hiver de 1890-1891 — qui a fait mourir un si grand nombre de petits oiseaux que, si nous n'y prenons garde, nous sommes menacés, paraît-il, de leur disparition complète, — que je me suis décidé à organiser dans les écoles de l'arrondissement, en janvier 1892, de petites *Sociétés protectrices des oiseaux et des animaux utiles*, dont l'idée a été bien accueillie partout. C'est qu'en effet, comme je le disais aux instituteurs dans la lettre que je leur ai écrite à ce sujet : « L'enfant aimé à protéger quelqu'un ou quelque chose : il aime aussi, malheureusement, à dénicher les oiseaux, et, en hiver, à les prendre avec des pièges ; je crois qu'en faisant appel à ses bons sentiments nous pourrions le transformer en défenseur de ces utiles auxiliaires du cultivateur. Je profite de cette occasion pour vous prier, Monsieur l'Instituteur, de continuer à faire tout ce qui dépendra de vous afin de retenir à la campagne les fils de nos cultivateurs, en les détournant d'aller à la ville, où ils ne feraient qu'augmenter le nombre des déclassés et des mécontents. Dites-leur bien que la vie des champs est infiniment meilleure et plus saine que le séjour à la ville, où les conditions matérielles de la vie sont beaucoup plus dures, et que la campagne offre des avantages et une tranquillité qu'on ne trouve pas à la ville. Faites-leur comprendre cela par des lectures choisies et par les promenades scolaires mensuelles, dans lesquelles vous leur apprendrez à lire dans ce grand livre de la nature en leur faisant observer tout ce qui les entoure : vous pouvez être assuré que vous leur inspirerez ainsi l'amour de la profession de cultivateur ainsi que le goût de la vie champêtre, et que vous aurez rendu un véritable service à votre pays. »

**34.** C'est surtout par les élèves que ces notions et cette connaissance des animaux utiles pourront pénétrer dans les campagnes : « Tout mal vient d'ignorance, » a-t-on dit, et c'est bien vrai. Il est évident que si le cultivateur savait que les petits oiseaux ainsi que le hibou, la chauve-souris, le hérisson et le crapaud lui rendent de si grands services, il ne les tuerait pas.

---

## RÉSUMÉ

1. Les animaux forment quatre *embranchements* : les *vertébrés*, les *annelés*, les *mollusques* et les *rayonnés*. — 2. Les vertébrés ont une colonne *vertébrale* ; les *annelés* ont le corps formé d'*anneaux* ; les mollusques ont le corps *mou*, et les

# TABLEAU DES PRINCIPAUX OISEAUX ET ANIMAUX UTILES

## OISEAUX :

| | |
|---|---|
| Le **hibou**, la **chouette** et le **chat-huant** | détruisent les rats, les souris, les mulots et les campagnols, qui font de grands ravages dans les récoltes. |
| **L'hirondelle**, la **mésange**, la **fauvette**, le **rossignol**, la **bergeronnette** ou **hoche-queue**, la **linotte**, le **roitelet**, le **rouge-gorge**, le **moineau**, le **pinson**, le **bouvreuil**, le **merle**, le **sansonnet** ou **étourneau**, le **coucou**, l'**engoulevent** ou **crapaud-volant**, le **chardonneret**, etc., et, en général, **tous les petits oiseaux** | détruisent les chenilles et une foule d'insectes nuisibles à l'agriculture. |

## INSECTES :

| | |
|---|---|
| Le **carabe** ou **sergent**, le **staphylin**, le **fourmi-lion**, le **ver luisant**, la **coccinelle** ou **bête au bon Dieu**, la **libellule** ou **demoiselle**, le **grillon** ou **cri-cri**. | sont des insectes utiles qui détruisent les pucerons, les fourmis, ainsi que toutes sortes de larves et de petits insectes nuisibles à l'agriculture. |

## AUTRES ANIMAUX :

| | |
|---|---|
| La **chauve-souris**, le **hérisson**, la **musaraigne** et la **taupe** (qui n'est nuisible que dans les jardins et dans les prés) | détruisent une grande quantité d'insectes et de larves nuisibles à l'agriculture. |
| Le **lézard vert**, le **lézard gris**, la **couleuvre**, la **grenouille** et le **crapaud** | détruisent les limaces, les limaçons ou escargots, et beaucoup d'insectes nuisibles à l'agriculture. |

## TABLEAU DES PRINCIPAUX ANIMAUX ET INSECTES NUISIBLES

### OISEAUX :

| | |
|---|---|
| Le **busard**, l'**épervier**, l'**émerillon**, le **milan** | mangent les petits oiseaux utiles. |
| La **pie** et le **geai** | mangent les œufs et les petits des autres oiseaux. |

### INSECTES :

| | |
|---|---|
| Le **hanneton** (l'un des insectes les plus nuisibles) | dévore les feuilles des arbres. |
| Sa larve, appelée **turc** ou **ver blanc**, | mange, pendant les trois années qu'elle reste en terre, les racines des arbres et des plantes cultivées dans les jardins. |
| Les œufs des **papillons** produisent des **chenilles** | qui dévorent les feuilles des arbres fruitiers et des légumes. Elles sont très nuisibles; il faut détruire les papillons. |
| La **courtilière** ou **taupe-grillon** | coupe les racines des plantes et des légumes. |
| Les **charançons** ou **calandres** | causent de grands dégâts dans les tas de blé, dans les greniers. |
| Les **altises** | s'attaquent aux plantes potagères, telles que choux, navets, radis. |
| Les **bruches** | dévorent l'intérieur des petits pois, des fèves et des lentilles. |
| Les **pucerons** Etc. | sucent la sève des arbres fruitiers. |

### AUTRES ANIMAUX :

| | |
|---|---|
| Le **rat**, la **souris**, le **mulot** et le **campagnol** | dévorent les récoltes. |
| La **marte** ou **martre**, la **fouine** et le **putois** | font de grands ravages dans les basses-cours. |
| Le **loir** et le **lérot** | mangent les fruits dans les jardins et dans les vergers. |
| La **limace** et le **limaçon** ou **escargot** | dévorent les feuilles des légumes. |

*rayonnés* ont les différentes parties du corps disposées en *rayons*. — **3.** Les vertébrés sont divisés en cinq classes, les *mammifères*, les *oiseaux*, les *reptiles*, les *batraciens* et les *poissons*. — **4.** La classe des mammifères comprend : les *bimanes*, les *quadrumanes*, les *insectivores*, les *carnivores*, les *rongeurs*, les *ruminants*, les *pachydermes* et les *mammifères marins*. — **5. 6.** L'homme est de l'ordre des bimanes; le singe, de l'ordre des quadrumanes. — **7. 8. 9.** Le hérisson, la musaraigne et la taupe sont des insectivores; le lion, le tigre, l'ours, le loup, le chien, le chat et la fouine, des carnivores. — **10. 11. 12.** Le lièvre et le lapin, le rat et la souris, sont des rongeurs; le bœuf, le mouton, la chèvre et le cerf, des ruminants; l'éléphant, le cheval, le porc et le sanglier, des pachydermes. — **13.** Le phoque, la baleine et le cachalot sont des mammifères marins. — **14.** Les oiseaux ont des plumes, deux pattes, deux ailes et un bec; ils pondent des œufs. Les principaux ordres sont : les *oiseaux de proie*, les *passereaux*, les *grimpeurs*, les *échassiers*, les *gallinacés* et les *palmipèdes*. — **15.** Les oiseaux de proie sont *diurnes*, comme l'aigle et l'émerillon, ou *nocturnes*, comme la chouette et le chat-huant. — **16 à 20.** Le roitelet, la mésange et l'hirondelle sont des passereaux; le perroquet, le coucou et le pic, des grimpeurs; le héron, la bécasse et la bécassine, des échassiers; le faisan, la perdrix et la poule, des gallinacés; l'oie, le canard et la mouette, des palmipèdes. — **21. 22.** Parmi les reptiles, on distingue : les *tortues*, les *lézards* et les *serpents*, dont les uns sont *venimeux*, comme la vipère, et les autres, *non venimeux*, comme la couleuvre. — **23.** La grenouille et le crapaud sont des batraciens. — **24.** Il y a des poissons d'*eau douce*, tels que l'anguille, la carpe, le brochet, etc., et des poissons de *mer*, comme la sardine, le hareng, la morue, etc. — **25. 26. 27.** Les principaux annelés sont : les *insectes*, qui subissent des *métamorphoses*. Certains annelés, comme le *ver solitaire*, la *trichine*, peuvent causer des maladies très graves. — **28. 29. 30.** La limace et le limaçon, l'huître et la moule, sont des mollusques; l'oursin et l'éponge, des rayonnés. — **31 à 34.** Parmi les animaux, il y en a qui sont *utiles*; d'autres, *nuisibles*. Les *Sociétés protectrices scolaires* peuvent rendre de grands services.

---

# EXERCICES DE RÉDACTION

## PRÉPARATOIRES A L'EXAMEN DU CERTIFICAT D'ÉTUDES

### I. — Les animaux.

Exposez de votre mieux la leçon que votre institutrice vous a faite sur les mammifères, les oiseaux, les reptiles, les batraciens, les poissons, et les invertébrés (mollusques et annelés). Vous direz ce qu'il faut faire pour guérir la morsure d'une vipère, pourquoi il faut détruire les papillons, et quelle précaution on doit prendre lorsqu'on mange de la viande de porc, à cause du ténia et de la trichine.

### II. — Les oiseaux utiles.

Dites ce que vous pensez des cultivateurs qui clouent à la porte de leur grange le hibou, la chouette, le chat-huant, et qui prennent en hiver (avec des pièges ou des lacets de crin) un grand nombre de petits oiseaux utiles; vous nommerez, parmi ces derniers, ceux que vous connaissez, et vous indiquerez les services qu'ils rendent.

# TROISIÈME PARTIE

# LES MINÉRAUX

Sommaire. — 1. Ce que c'est que les *minéraux*. — 2. La terre : existence du feu central. — 3. Preuves fournies : 1° par les volcans ; 2° par l'accroissement de la température à l'intérieur du globe. — 4. Composition de l'écorce terrestre ; *terrains :* 1° *primitifs ;* 2° *aqueux*. — 5. Ce qu'on appelle *roches*. — 6. Roches siliceuses. — 7. Roches argileuses. — 8. Roches calcaires. — 9. Terrains primitifs. — 10. Division des terrains aqueux en quatre catégories. — 11. Ce que c'est que les *fossiles*. — 12. Terrain primaire. — 13. Terrain secondaire. — 14. Terrain tertiaire. — 15. Terrain quaternaire ou d'alluvion.

**1.** La partie solide de la terre que nous habitons est formée par une agglomération de corps bruts, pierres et métaux, qu'on appelle les *minéraux*.

**2.** La terre a la forme d'un globe ou d'une boule immense. La croûte solide est bien peu de chose par rapport à l'épaisseur du globe : on peut la comparer à la coquille d'un œuf, c'est-à-dire qu'il y a le même rapport entre la terre et sa croûte qu'entre un œuf et sa coquille. L'intérieur est rempli par une masse liquide en fusion, dont la température est tellement élevée que tous les corps que nous connaissons y fondraient : c'est ce qu'on nomme le *feu central*.

**3.** Ce qui prouve que notre globe est bien constitué ainsi, c'est d'abord l'existence des *volcans*, par lesquels s'échappe, de temps à autre, sous forme de *laves*, une partie de cette masse liquide, et ensuite l'accroissement de la température à mesure que l'on descend vers le centre de la terre : elle augmente de 1° par 33 mètres ; c'est pour cela que les eaux provenant des puits artésiens et les eaux thermales sont d'autant plus chaudes qu'elles viennent d'une plus grande profondeur.

**4.** Les savants ont donné aux différentes parties dont se compose l'écorce terrestre le nom de *terrains*, qu'ils ont divisés en deux catégories : 1° ceux qui ont paru les premiers et qui sont appelés, à cause de cela, *terrains primitifs*; 2° ceux qui, ensuite, ont été formés par dépôt dans le sein des eaux, et qui sont nommés pour cette raison *terrains aqueux*[1].

Ces terrains ne sont pas toujours horizontaux, ni parallèles. Les couches D (*fig.* 46), qui sont plus anciennes, ont été *soulevées* probablement par la force du feu cen-

Fig. 46. — Superposition de deux terrains d'âges différents (coupe de deux collines séparées par une vallée).

tral et ont été inclinées tout en restant parallèles. Ce sont des *soulèvements* de ce genre qui ont produit les montagnes. Les couches B, C, qui les recouvrent, ont été déposées ensuite par les eaux et sont restées horizontales.

**5. Roches.** — Les différentes substances constituant les terrains s'appellent des *roches*; on en distingue trois sortes : les roches *siliceuses*, *argileuses*, et *calcaires*.

**6.** Les *roches siliceuses* sont celles dans lesquelles domine la *silice*, matière composée d'oxygène et d'un autre corps simple nommé *silicium*; tels sont : les *pierres meulières*, le *silex* (ou pierre à fusil), qui se reconnaît à ce qu'il raye le verre, le *quartz*, etc.

**7.** Les *roches argileuses* sont formées d'*argile*, substance molle, se pétrissant et se polissant entre les doigts, retenant l'eau et formant avec elle une pâte liante, facile à travailler. L'argile pure est blanche : tel est le *kaolin*,

1. *Aqueux* dérive d'un mot latin signifiant *eau*.

ou terre à porcelaine des environs de Limoges; quand elle n'est pas pure, elle est diversement colorée et sert de base à l'industrie de la *poterie :* on en fabrique aussi des tuiles, des briques, des tuyaux de drainage, etc. L'*ardoise* est une espèce de roche argileuse.

**8.** Les *roches calcaires* renferment du *carbonate de*

Fig. 47. — Porphyre.

*chaux*. Elles comprennent : les *marbres*, les *pierres de taille*, la *craie*, etc. On les reconnaît à ce qu'elles font effervescence avec les acides, c'est-à-dire que, si l'on verse du vinaigre ou un autre acide sur une roche calcaire, il se formera une espèce d'écume due au dégagement de nombreuses bulles d'acide carbonique.

Le *sulfate de chaux* ou *gypse*, que l'on trouve en grande quantité dans le sol des environs de Paris, est une sorte de pierre tendre qui se laisse rayer à l'ongle, mais qui ne fait pas effervescence avec les acides : en le chauffant dans des fours spéciaux, on obtient le *plâtre*.

**9.** Les terrains *primitifs* forment près de la moitié de la croûte terrestre; les principales roches qui les composent sont surtout siliceuses; ce sont : le *granit*, très dur, employé pour les constructions; le *cristal de roche* (espèce de *quartz* transparent), qui est de la silice pure;

le *porphyre* (*fig.* 47), dans lequel sont disséminés un grand nombre de cristaux; enfin les *basaltes*, qui existent en grande quantité en Auvergne et qui sont d'anciennes laves provenant des volcans éteints.

**10.** Les terrains *aqueux*, formés après les terrains *primitifs*, ont été divisés en quatre catégories superposées : 1° les terrains *primaires;* 2° les terrains *secondaires;* 3° les terrains *tertiaires;* et 4° les terrains *quaternaires* ou d'*alluvion*, qui sont les derniers formés, et au-dessus desquels est la couche *arable* ou *végétale*.

Fig. 48. — Ammonite, coquille que l'on trouve dans la craie de Rouen (espèce disparue).

C'est dans ces terrains que se trouvent les *fossiles* : il n'y en a pas dans les terrains primitifs.

**11. Fossiles.** — On nomme *fossiles*[1] les restes des végétaux ou des animaux qui ont été enfouis dans les différentes couches formant l'écorce terrestre. Dans les végétaux, ce sont les feuilles et le bois qui se sont conservés ; dans les animaux, ce sont les parties dures, solides, comme les os et les coquilles.

**12.** C'est dans le terrain *primaire* qu'on rencontre les *ardoises*, exploitées dans les environs d'Angers, et audessus la *houille*. On en retire aussi quelques métaux tels que le fer, le plomb, le cuivre, l'étain.

Les êtres vivants commencent à paraître, mais ils sont tout à fait inférieurs. Parmi les végétaux, il y avait surtout des *fougères* gigantesques, qui ont été enfouies et se sont transformées en houille.

**13.** Le terrain *secondaire* renferme des *grès*[2] (qui pré-

1. *Fossile* veut dire *enfoui* dans la terre, comme dans une *fosse*.
2. *Grès*, espèce de pierre formée de grains de sable réunis par un mortier ou ciment généralement calcaire.

dominent dans la partie de ce terrain appelée *jurassique*, parce qu'elle forme les montagnes du Jura), des argiles, du sel gemme, et surtout des calcaires, que l'on rencontre principalement en Champagne.

Comme fossiles, on peut citer l'*ammonite*, espèce de coquille enroulée sur elle-même (*fig.* 48).

**14.** Dans le terrain *tertiaire* se trouvent des argiles, des sables, et surtout des calcaires tendres (tels que la pierre à bâtir des environs de Paris), qui renferment d'innombrables coquilles fossiles (entre autres les *oursins*).

Lors de la formation de ce terrain, la mer couvrait une partie de la France, notamment le bassin de Paris, dont le climat était aussi chaud que celui de l'Afrique.

**15.** Le terrain *quaternaire* est encore nommé terrain d'*alluvion*[1], parce qu'il a été formé par les dépôts de sable et de limon qu'ont laissés les eaux douces provenant des pluies abondantes qui sont tombées à cette époque.

---

## RÉSUMÉ

**1. 2. 3.** L'écorce terrestre est formée par les *minéraux*. A l'intérieur se trouve le *feu central*. La température augmente d'un degré par 33 mètres de profondeur. — **4. 5.** Les *terrains* sont *primitifs* ou *aqueux*. Les *roches* sont *siliceuses*, *argileuses* ou *calcaires*. — **6. 7. 8.** Le silex et le quartz sont des roches siliceuses ; le kaolin et l'ardoise, des roches argileuses ; le marbre et la craie, des roches calcaires. — **9.** Les terrains primitifs renferment le granit et le porphyre. — **10.** Les terrains aqueux sont divisés en terrains : *primaires*, *secondaires*, *tertiaires* et *quaternaires*. — **11.** Les *fossiles* sont les restes des végétaux et des animaux. — **12. 13. 14.** Le terrain primaire contient l'ardoise et la houille ; le terrain secondaire, des grès, des argiles et des calcaires ; le terrain tertiaire, des argiles, des sables et des calcaires tendres. — **15.** Le terrain quaternaire est encore appelé terrain d'*alluvion*.

---

1. *Alluvion* vient d'un mot signifiant lavé par les eaux.

## *Deuxième semestre*

# QUATRIÈME PARTIE.

# LES VÉGÉTAUX

## I. — LA RACINE. LA TIGE. LES FEUILLES. LA FLEUR. LE FRUIT.

SOMMAIRE. — 1. Ce que c'est que les *végétaux*. — 2. L'étude des plantes est aussi agréable qu'utile. — 3. Composition d'une plante. — 4. La racine. — 5. Racine pivotante. — 6. Racine fasciculée. — 7. Racines aériennes. — 8. Plantes sans racines, ou plantes parasites. — 9. La tige, continuation de la racine. — 10. Tiges herbacées. — 11. Tiges ligneuses. — 12. Tiges souterraines. — 13. Structure de la tige. — 14. Son rôle. — 15. Les feuilles. — 16. Leur structure; leur rôle. — 17. Feuilles persistantes. — 18. Bourgeons. — 19. La fleur. — 20. Elle se compose de quatre parties. — 21. La floraison. — 22. Fleurs à étamines et fleurs à pistil. Utilité des abeilles. — 23. Le fruit. — 24. Fruits charnus et fruits secs. — 25. La graine. — 26. Sa structure.

**1.** Les *végétaux* sont des êtres organisés, vivants, c'est-à-dire qui croissent, se développent et meurent.

**2.** L'étude des plantes est aussi agréable qu'utile, surtout à l'époque des fleurs; pour être fructueuse, elle doit être faite sur les plantes elles-mêmes.

**3.** Si l'on arrache, au moment où elle est fleurie, une *renoncule* ou *bouton d'or* (*fig.* 49), par exemple, on constate qu'elle se compose de différentes parties bien distinctes : d'abord la *racine*, qui la fixait dans la terre; puis la *tige*, garnie de *feuilles*, et enfin les *fleurs*, qui produisent les *fruits*.

**4. La racine.** — C'est la partie du végétal qui vit dans le sol, où elle puise les matières nutritives dont ce végétal a besoin pour se développer.

La racine principale donne naissance à d'autres plus

petites, dites racines *secondaires*, qui peuvent elles-mêmes en porter d'autres encore plus petites, et ainsi de suite.

**5.** Lorsque la racine principale s'enfonce beaucoup

Fig. 49. — Bouton d'or (renoncule bulbeuse) : *r*, racine renflée en bulbe; *t*, tige couverte de poils ; *f*, feuilles composées; *c*, calice entourant un bouton; *d*, corolle; *e*, étamines.

dans le sol et que le *pivot* s'y développe considérablement, on l'appelle racine *pivotante* (*fig.* 50) : telle est celle du salsifis, du radis, du navet, de la carotte, de la betterave, du poirier, du pommier, du peuplier, etc.

**6.** Si, au contraire, la racine principale s'allonge peu

et donne naissance à d'autres plus ou moins nombreuses qui s'étalent autour d'elle, on la nomme racine *fasciculée*[1] (*fig.* 51) : telle est celle du blé, de l'herbe, en un mot, des *céréales* et des *graminées*.

7. Certaines plantes ont des racines qui naissent sur

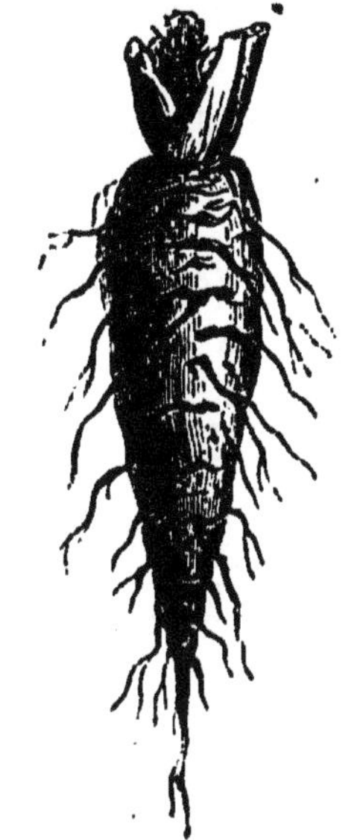

Fig. 50. — Racine pivotante.

Fig. 51. — Racine fasciculée.

la tige et qu'on appelle, à cause de cela, racines *aériennes* : tel est le fraisier, dont les filets ou *coulants* pro-

Fig. 52. — Fraisier.

duisent des racines qui s'enfoncent dans le sol, au-des-

---

1. *Fasciculé* veut dire qui est rassemblé en *faisceau*, en paquet.

sous d'un petit bouquet de feuilles, et forment de nouveaux fraisiers.

**8.** Il y a même des plantes qui n'ont pas de racines et qu'on nomme plantes *parasites*, parce qu'elles vivent aux dépens des autres : tels sont le *gui*, qui croît sur le chêne et surtout sur le pommier ; la *cuscute*, qui fait périr le trèfle et la luzerne.

**9. La tige.** — C'est la partie du végétal qui se développe dans l'air, en sens inverse de la racine, dont elle est la continuation.

De même que la racine, la tige principale (qui dans les arbres s'appelle *tronc*) donne naissance, par le développement des *bourgeons* dont elle est garnie, à d'autres plus petites nommées *branches*, qui se divisent en *rameaux*.

**10.** Lorsque les tiges restent vertes comme l'herbe, on les appelle tiges *herbacées* : telles sont celles de la plupart des légumes et des fleurs.

**11.** Si, au contraire, elles deviennent dures comme le tronc des arbres (ce qui constitue le *bois*), on les nomme tiges *ligneuses*[1] : telles sont celles des arbres.

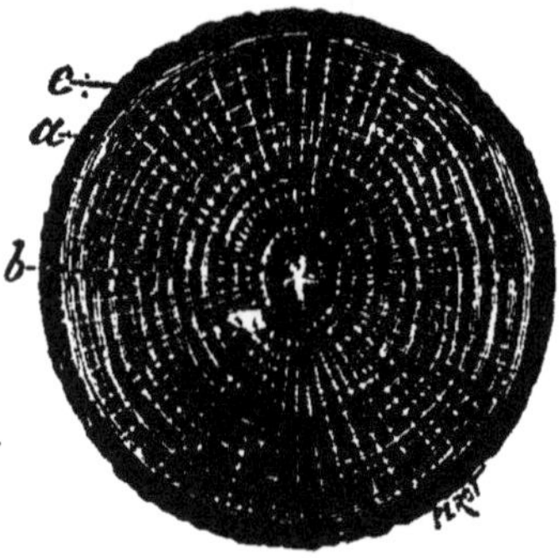

Fig. 53. — Section transversale d'un tronc de chêne.
*e*, écorce ; *a*, aubier ; *b*, bois.

**12.** De même qu'il y a des racines *aériennes*, il existe des tiges *souterraines*, comme celles du chiendent, de l'iris, de la pomme de terre : cette dernière a une tige tuberculeuse[2].

**13.** Si l'on examine une tige, le tronc d'un chêne, par exemple (*fig.* 53), on distingue, de dedans en dehors, plusieurs parties : la *moelle*, le *bois* et l'*écorce*.

---

1. *Ligneux* vient d'un mot latin qui signifie *bois*.
2. *Tuberculeux* veut dire ici qui produit des *tubercules*; les pommes de terre que nous mangeons sont des tubercules.

La *moelle*, située tout à fait au centre, est molle et blanche; ensuite vient le *bois*, recouvert par l'*écorce*, qui s'en sépare facilement.

Le bois contient deux parties : l'une, très dure, de couleur brune, entourant la moelle et appelée *cœur* (c'est le *bois* proprement dit); l'autre, moins foncée, plus tendre parce qu'elle est formée de bois nouveau, faisant suite au cœur et se terminant à l'écorce : on la nomme *aubier*. Chaque année il se forme une nouvelle couche de bois, entre l'écorce et l'aubier, de sorte qu'on peut calculer l'âge d'un arbre en comptant les couches ou cercles du tronc, comme on le voit dans la figure 53.

Chez certains arbres, l'écorce se développe beaucoup et, dans le *chêne-liège*, forme le liège, dont on fait les bouchons.

**14.** C'est par la tige que monte la sève *brute* pour se rendre des racines dans les feuilles, d'où elle redescend, sous le nom de sève *élaborée*, en abandonnant au végétal les matériaux nécessaires à son développement.

**15. Les feuilles.** — Ce sont des organes de couleur verte, qui naissent sur les tiges et les rameaux. Elles sont tantôt *simples*, comme dans le poirier (*fig.* 54), tantôt *composées*, comme dans le rosier, où les différentes parties qui les forment sont nommées *folioles* (*fig.* 55).

**16.** La partie principale de la feuille est une lame mince et large appelée *limbe*, *a* (*fig.* 54) ; à la suite se trouve généralement une queue nommée *pétiole*, *b*, qui est attachée au rameau. Les deux faces du limbe, de couleur différente, sont formées de cellules et percées d'un grand nombre de petites ouvertures nommées *stomates*, par lesquelles l'air pénètre dans la feuille. Les cellules sont remplies de petits grains de matière verte qui se forme sous l'influence de la lumière solaire, grâce à laquelle ils décomposent l'acide carbonique de l'atmosphère pour en fixer le carbone et en dégager l'oxygène. Pendant la nuit ce curieux travail de *nutrition* n'a pas lieu ; il n'y a que la *respiration* qui continue à s'exercer, car elle se fait aussi bien la nuit que le jour, c'est-à-dire que les feuilles (comme les animaux) absorbent l'oxygène et rejettent l'acide carbonique, avec cette différence que, pendant le jour, la production d'acide carbonique est insensible, parce qu'elle est compensée et au delà par la décomposition de l'acide carbonique de l'air, effectuée par les feuilles; tandis que, pendant la nuit, le phéno-

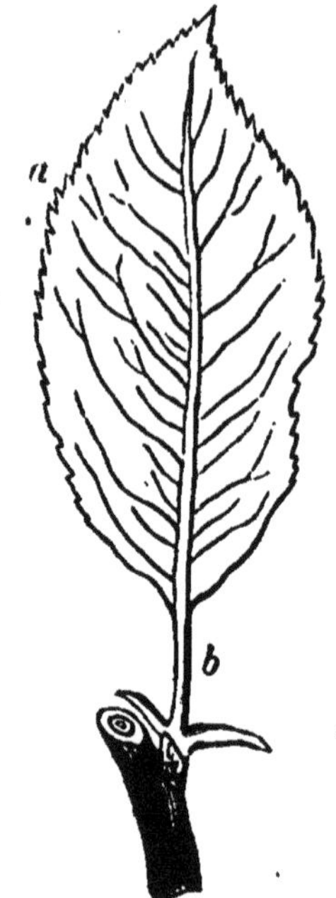


Fig. 54. — Feuille de poirier.
*a*, limbe; *b*, pétiole.

Fig. 55. — Feuille composée du rosier.

mène de respiration se produit seul. C'est pourquoi il est dangereux de laisser des plantes ou des fleurs dans sa chambre à coucher : on s'expose à être asphyxié. L'expérience relative à la préparation de l'oxygène au moyen des plantes vertes (*fig.* 19, page 88) prouve bien que les feuilles (comme les parties vertes des végétaux) décomposent l'acide carbonique pour en absorber le carbone et en rejeter l'oxygène dans l'atmosphère, qu'elles assainissent.

Les feuilles sont donc à la fois des organes de *nutrition*, de *respiration* et de *transpiration*, car les stomates exhalent, sous forme de vapeur, l'eau en excès absorbée par les racines.

**17.** La plupart des feuilles tombent à l'automne ; cependant il y en a qui restent plusieurs années, comme celles du laurier et des *arbres verts*, tels que les sapins : on les appelle à cause de cela feuilles *persistantes*.

**18. Bourgeons.** — La feuille tombée est remplacée

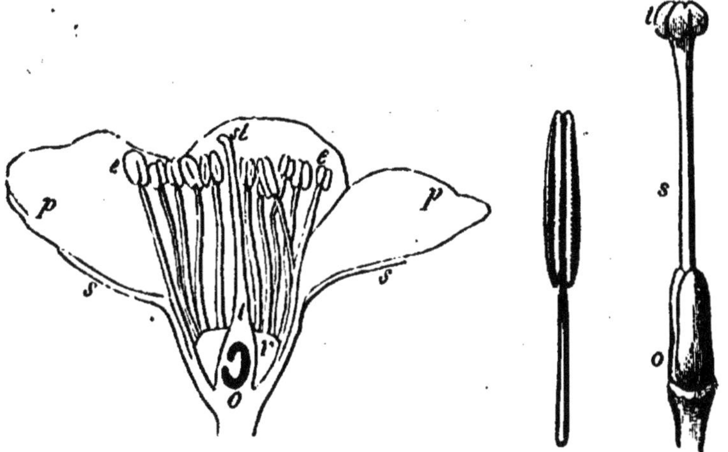

Fig. 56. — Coupe de la fleur du prunellier. *s*, sépale ; *p*, pétale ; *e*, étamines ; *o*, ovaire ; *l*, style ; *st*, stigmate.

Fig. 57. Étamine.

Fig. 58. Pistil du lis. *o*, ovaire ; *s*, style ; *t*, stigmate.

par un petit œil qui s'est développé à l'*aisselle* de cette feuille, c'est-à-dire à son point d'attache avec le rameau, et qu'on nomme *bourgeon* ; c'est le germe d'un rameau qui, l'année suivante, portera à son tour des feuilles, ou bien des fruits, suivant que c'est un bourgeon *à feuilles* ou *à fruits*.

**19. La fleur.** — C'est l'organe qui sert à la production du *fruit*. Presque toutes les fleurs sont belles ; toutes sont charmantes par la variété de leurs couleurs, de leurs formes, et quelques-unes par leur parfum.

**20.** Une fleur se compose généralement de quatre parties : 1° le *calice*, constitué par de petites feuilles vertes, réunies ou séparées, qu'on appelle *sépales* ; 2° la *corolle*, formée de feuilles colorées qui sont aussi réunies ou séparées et qu'on nomme *pétales*; 3° les *étamines*, espèces de *filets* terminés à leur partie supérieure par un renflement appelé *anthère*, percé pour laisser sortir la poussière jaune qu'il renferme et qu'on nomme *pollen*; 4° le *pistil*, situé au milieu de la fleur, et composé de trois parties : l'*ovaire*, placé à la partie inférieure ; le *style*, qui lui fait suite, et le *stigmate*, qui le termine. C'est l'ovaire qui, en grossissant, formera le *fruit*; il renferme les *ovules*[1], qui deviendront des *graines*. Le stigmate est un petit corps glanduleux[2] dont la surface est irrégulière et recouverte d'un liquide gluant destiné à retenir les grains de pollen.

Les étamines et le pistil sont les parties essentielles de la fleur : le calice et la corolle servent à entourer, à protéger ces organes délicats.

**21.** Au moment de la *floraison*, l'anthère de l'étamine s'ouvre pour laisser sortir le pollen, qui se dépose sur le stigmate du pistil et s'y attache : cela est absolument nécessaire pour que tous les ovules se développent et deviennent des graines. S'il pleut au moment de la floraison, l'eau lave les stigmates et fait tomber le pollen : alors les fruits *coulent* et la récolte est peu abondante.

**22.** Chose curieuse, il y a des fleurs qui ont des étamines, mais pas de pistil, ou un pistil, mais pas d'étamines ; et quelquefois les unes et les autres se trouvent sur des pieds différents, comme dans le chanvre : le pied qui porte les fleurs à étamines est le chanvre mâle, celui qui a les fleurs à pistil (et qui produit la graine) est le chanvre femelle. Comment le pollen pourra-t-il, dans ces conditions, se déposer sur le stigmate ? Il y sera porté par le vent et par les insectes, surtout les abeilles : c'est pourquoi il est si avantageux, pour obtenir d'abondantes récoltes, d'avoir des ruches.

**23. Le fruit.** — Il est formé par la fleur, ou plutôt

---

1. *Ovaire*, *ovule*, sont composés du mot *ove* qui veut dire *œuf* : les ovules sont, en quelque sorte, les œufs de la plante, et l'ovaire est un réservoir d'œufs ou de graines.

2. *Glanduleux*, qui a la forme, qui est de la nature des glandes.

c'est l'ovaire de la fleur qui s'est développé. A l'intérieur se trouvent les *graines*, *g* (*fig.* 59), qui donneront naissance à des végétaux semblables à ceux qui les ont produites.

**24.** On les distingue en fruits *charnus* et en fruits *secs*. Les premiers, comme la pomme, la poire, la cerise, la pêche, etc., renferment de la chair, que l'on mange ; les autres, comme les pois, les haricots, le colza, la renoncule, etc., ont une enveloppe sèche et mince, qui contient une ou plusieurs graines.

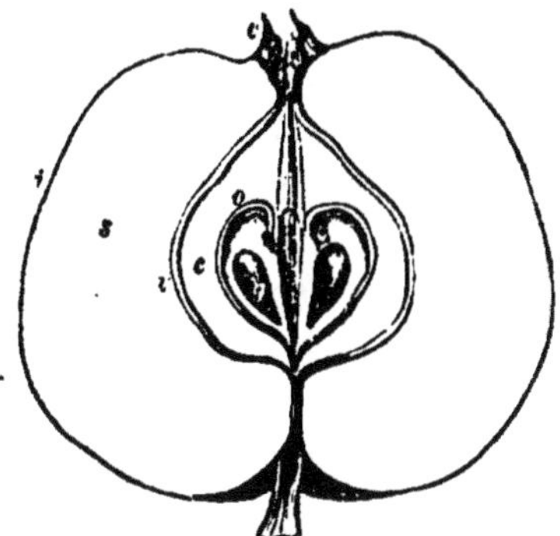

Fig. 59. — Fruit à pépins (pomme), coupe verticale.

**25. La graine.** — C'est la partie du fruit destinée à reproduire un végétal de même espèce que celui auquel elle appartient : elle le renferme en germe, ce qui fait qu'elle présente une certaine analogie avec l'œuf des oiseaux.

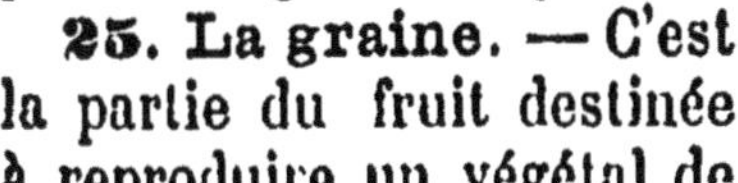

**26.** Si l'on coupe une graine de haricot, par exemple, dans le sens de la longueur, on voit qu'elle est formée de deux parties appelées *cotylédons*, qui serviront de nourriture à la jeune plante lorsqu'elle commencera à se développer ; entre les cotylédons se trouve le *germe* du haricot, d'où sortiront : d'un côté la racine qui s'enfoncera en terre, et, de l'autre, la tige qui s'élèvera dans l'air.

---

## Applications.

SOMMAIRE. — 27. Nourriture des plantes. — 28. La racine : sa propriété. — 29. La tige. — 30. Les feuilles; elles nourrissent le fruit après la floraison. — 31. La fleur. — 32. Le fruit. — 33. La graine; elle hérite des qualités et des défauts du végétal qui l'a produite.

**27.** Les végétaux puisent leurs aliments (excepté le carbone, qu'ils prennent à l'acide carbonique de l'air) dans le sol, où la plupart de ces aliments sont dissous par l'eau, que les racines absorbent en grande quantité.

**28. La racine.** — Les savants ont constaté, à la suite d'expériences très remarquables, que la racine a la propriété de choisir, parmi les matières nutritives, celles qui lui conviennent le mieux : ces matières sont retenues par les *poils absorbants*, qui se trouvent presque à l'extrémité des racines, et qui sont ainsi appelés parce qu'ils *absorbent* les substances nutritives, solides ou liquides, placées à leur contact.

Comme les autres organes de la plante, la racine respire, c'est-à-dire absorbe de l'oxygène et dégage de l'acide carbonique; dans une terre dépourvue d'air les racines périraient par asphyxie : d'où l'utilité des labours profonds et qui ameublissent complètement le sol.

**29. La tige.** — C'est, avons-nous dit, la continuation de la racine: la structure de l'une est analogue à celle de l'autre.

On en fait l'application en agriculture, ou plutôt en horticulture, pour reproduire certains végétaux au moyen de la *marcotte* et de la *bouture*. La partie de la tige mise en terre pousse des racines, et celle qui est dans l'air se couvre de bourgeons.

C'est aussi en implantant une petite tige sur une autre au moyen de la *greffe*, qu'on multiplie les bonnes espèces d'arbres fruitiers. Pour la manière de faire les *marcottes*, les *boutures* et les *greffes*, consulter mon petit livre d'agriculture, pages 107 et 108, 130 à 133. (Voy. la note, page 16.)

**30. Les feuilles.** — Leur présence est absolument nécessaire à la végétation de la plante, à cause de leur rôle important; ce sont elles, en effet, qui contribuent le plus à nourrir le fruit après la floraison, grâce aux matériaux qu'elles ont accumulés : elles sont indispensables pour assurer la maturité des récoltes.

C'est pourquoi, en principe, il ne faut pas *effeuiller* les végétaux, et si l'on en reconnaît l'utilité dans certains cas, pour quelques plantes, on doit le faire avec discernement.

**31. La fleur.** — On peut déposer soi-même le pollen

sur le stigmate : c'est même par ce moyen que l'on obtient de nouvelles variétés de fleurs, de légumes, etc.

**32. Le fruit.** — La production des fruits est une question très importante : aussi doit-on chercher à obtenir les plus beaux et les meilleurs ; on y parvient très facilement par la *greffe*.

**33. La graine.** — On a remarqué, et c'est un fait certain, que les graines héritent des qualités et des défauts de la plante qui les a produites : ainsi, d'après une loi naturelle incontestable, les grains de blé provenant de petits épis donnent de petits épis, de même que ceux qui sont fournis par de beaux épis produisent de beaux épis.

Il importe donc de choisir, au moment de la moisson, les plus beaux épis, sur les tiges les plus droites et ayant le mieux tallé, dans un carré où on a laissé le blé mûrir davantage.

C'est en choisissant avec soin les sujets les plus remarquables que l'on est parvenu à modifier très avantageusement la plupart des céréales, des légumes et des fruits.

NOTA. — Les *applications à l'hygiène* sont reportées un peu plus loin, au chapitre des *plantes utiles*.

---

## RÉSUMÉ

**1. 2. 3.** Les *végétaux* sont des êtres vivants. Dans une plante, il y a : la *racine*, la *tige*, les *feuilles*, les *fleurs* et les *fruits*. — **4. 5. 6.** La racine vit dans le sol. Elle est *pivotante* ou *fasciculée*. — **7. 8.** Il y a aussi des racines *aériennes*. Les plantes *parasites* n'ont pas de racines. — **9 à 14.** La tige se développe dans l'air. Elle est *herbacée* ou *ligneuse*. Il existe des tiges *souterraines*. Le *tronc* comprend : la *moelle*, le *bois* et l'*écorce*. — **15. 16. 17.** Les feuilles sont *simples* ou *composées*. Dans la feuille, il y a le *limbe* et le *pétiole*. — **18.** Le *bourgeon* est à *feuilles* ou à *fruits*. — **19 à 22.** La fleur renferme : le *calice*, la *corolle*, les *étamines* et le *pistil*. Le *pollen* est souvent déposé sur le pistil par le vent ou les abeilles. — **23 à 26.** Dans le fruit se trouvent les *graines*. Les fruits sont *charnus* ou *secs*. La graine est formée de deux parties appelées *cotylédons*. — **27. 28.** Les végétaux puisent leurs aliments dans le sol. La racine choisit la nourriture qui lui convient; elle respire. — 29. La structure de la racine est analogue à celle de la tige. — 30. Les feuilles sont indispensables aux plantes. — 31. Il est facile d'avoir de nouvelles variétés de fleurs. — 32. 33. C'est par la *greffe* qu'on obtient les meilleurs fruits. Les plus belles graines donnent les plus belles plantes.

---

## EXERCICE DE RÉDACTION

### PRÉPARATOIRE A L'EXAMEN DU CERTIFICAT D'ÉTUDES.

**Description d'une plante.**

Vous supposerez que vous avez une plante devant vous; faites-en la description, c'est-à-dire indiquez clairement toutes les parties dont elle se compose depuis la racine jusqu'à la graine, en ayant soin de faire connaître leurs fonctions.

---

## II. — CLASSIFICATION DES VÉGÉTAUX. LES PRINCIPALES FAMILLES DE PLANTES.

Sommaire. — 1. Division des végétaux en trois embranchements : dicotylédones, monocotylédones, acotylédones. — 2. Familles de plantes. — 3. 1° *Dicotylédones.* Principales familles : légumineuses, crucifères, ombellifères, rosacées, solanées, labiées, composées, amentacées et conifères. — 4. Légumineuses. — 5. Crucifères. — 6. Ombellifères. — 7. Rosacées. — 8. Solanées. — 9. Labiées. — 10. Composées. — 11. Amentacées. — 12. Conifères. — 13. 2° *Monocotylédones.* Principales familles. — 14. Graminées. — 15. Liliacées. — 16. 3° *Acotylédones :* fougères, mousses, champignons.

**1.** La *classification* des plantes est basée sur ce fait que certaines d'entre elles n'ont pas de *cotylédons* et que les autres en ont un ou deux. De là trois grandes divisions :

1° Les végétaux dont la graine renferme deux cotylédons et qu'on appelle *dicotylédones ;* 2° ceux dont la graine n'en a qu'un et qui sont nommés *monocotylédones ;* 3° ceux qui n'ont ni graine ni cotylédon et qu'on appelle *acotylédones*[1].

**2.** Chacun de ces trois embranchements a été divisé en groupes nommés *familles de plantes*, dont les *fleurs*, les *fruits*, les *graines*, ont certaines ressemblances. Nous ne nous occuperons que des principales. On comprend la nécessité d'une classification quand on songe qu'il y a près de 100 000 espèces de végétaux.

On les divise encore en plantes *alimentaires*, *fourragères*, *industrielles* (consulter, pour leur culture, mon petit livre d'agriculture, pages 55 à 74; voy. la note, page 16); enfin en plantes *médicinales* et en plantes *nuisibles*, qui seront décrites à la fin de ce chapitre.

### 1° DICOTYLÉDONES

**3.** Cet embranchement renferme plusieurs familles importantes : les *légumineuses*, les *crucifères*, les *ombellifères*, les *rosacées* (les fleurs de toutes ces plantes ont une corolle à plusieurs pétales libres); les *solanées*, les *labiées*, les *composées*, dont les fleurs ont une corolle à pétales soudés en un seul; enfin les *amentacées* et les *conifères*, dont les fleurs n'ont pas de corolle.

#### Plantes dont les fleurs ont une corolle à plusieurs pétales libres.

**4. Légumineuses.** — On les appelle ainsi parce qu'elles ont pour fruit une *gousse* qui, en botanique, se dit *légume :* cela signifie donc plantes à *légumes*, ou à *gousses*.

La fleur est facile à reconnaître : sa corolle, qui a cinq pétales, est disposée en forme de papillon. On trouve dans cette famille des plantes alimentaires très utiles :

---

1. *di* / *mono* / *a* } *cotylédones*. *Di* veut dire deux; *mono*, un; *a*, ici, est privatif, et indique qu'il n'y a pas de cotylédons.

les *pois* (*fig.* 60), les *haricots*, les *fèves*, les *lentilles ;* des plantes fourragères également utiles : la *luzerne*, le *trèfle*, le *sainfoin*, et enfin des arbres : le *bois de rose*, le *palis-*

Fig. 60. — Fleur du pois.

Fig. 61. — Giroflée.

*sandre* (qui fournissent de beaux bois d'ébénisterie), l'*acacia*, etc.

**5. Crucifères** [1]. — Les fleurs de ces plantes ont quatre pétales disposés en forme de croix et six étamines.

Cette famille renferme également des végétaux utiles : le *chou*, le *navet*, le *radis*, le *cresson*, le *colza*, la *navette*, etc., ainsi que des fleurs, comme la *giroflée* (*fig.* 61).

**6. Ombellifères.** — Ces plantes sont ainsi appelées

Fig. 62. — Ombelle.

Fig. 63. - Fleur du fraisier.

parce que leurs fleurs sont disposées en *ombrelle* (qui se

1. *Crucifère* signifie *porte-croix*. *Cruci* veut dire croix; et *fère*, qui porte.

disait anciennement *ombelle*). Le calice est peu développé. la corolle a cinq pétales ; il y a cinq étamines et un pistil,

A cette famille appartiennent la *carotte*, le *panais*, le *céleri*, le *cerfeuil*, le *persil*, qui sont utiles, et la *ciguë*, semblable au persil, mais qui est un poison très dangereux.

**7. Rosacées.** — C'est la *rose* (la *reine des fleurs*), qui a donné son nom à cette famille. Celle-ci renferme des végétaux très utiles, entre autres la plupart de nos arbres fruitiers : *pommier*, *poirier*, *cognassier* (fruits à pépins) ; *cerisier*, *prunier*, *pêcher*, *abricotier* (fruits à noyau) ; l'*amandier*, le *néflier*, le *framboisier*, le *fraisier* (*fig.* 63), le *rosier*, etc.

La corolle a cinq pétales ; la rose de nos jardins, seule, en a bien davantage, parce que, par la culture, on a transformé les *étamines* en *pétales*.

**Plantes dont les fleurs ont une corolle à pétales soudés en un seul.**

**8. Solanées**[1]. — Cette famille renferme des végétaux

Fig. 64. — *Solanées* alimentaires. — Pomme de terre. Tomate.

Fig. 65. — *Solanées* vénéneuses. Pomme épineuse ou *stramoine*. Belladone. Jusquiame.

utiles, tels que la *douce-amère*, la *pomme de terre* et la *tomate* (*fig.* 64), mais aussi des plantes très vénéneuses,

1. *Solanée* dérive d'un mot latin désignant la *douce-amère*, qui a donné son nom à cette famille de plantes.

comme la *stramoine* ou *pomme épineuse*, la *belladone*, la

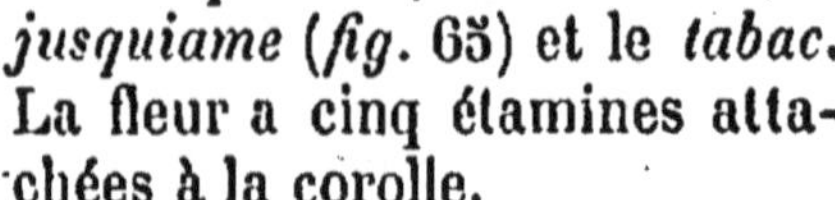

*jusquiame* (*fig.* 65) et le *tabac*. La fleur a cinq étamines attachées à la corolle.

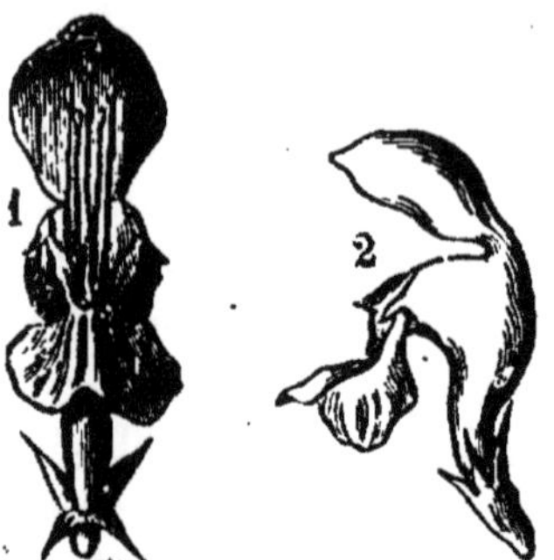

Fig. 66. — Lamier (ortie blanche) : 1, fleur vue de face ; 2, fleur vue de côté.

**9. Labiées[1].** — Cette famille contient surtout des plantes à odeur : la *menthe*, le *thym*, le *serpolet*, la *sarriette*, la *mélisse*, le *romarin*, le *lamier* ou *ortie blanche* (*fig.* 66), etc.

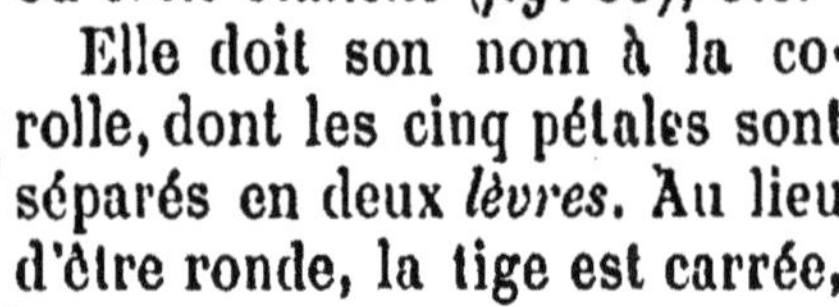

Elle doit son nom à la corolle, dont les cinq pétales sont séparés en deux *lèvres*. Au lieu d'être ronde, la tige est carrée, comme une règle d'écolier.

**10. Composées.** — Ces plantes sont ainsi appelées parce que leur fleur n'est pas simple, comme celle des autres végétaux : elle est *composée* d'un assez grand nombre de petites fleurs serrées les unes à côté des autres, de telle manière qu'on se figure qu'il n'y en a qu'une.

Cette famille renferme un grand nombre de plantes, dont les unes sont utiles, comme la *chicorée*, la *laitue*, le *salsifis*, la *scorsonère*, l'*artichaut*, et d'autres remarquables par leurs belles fleurs, telles que la *pâquerette*, la *marguerite*, le *chrysanthème*, le *dahlia*, etc.

### Plantes dont les fleurs n'ont pas de corolle.

**11. Amentacées[2].** — C'est à cette famille qu'appartiennent le *noisetier*, le *noyer*, le *châtaignier*, ainsi que la plupart des arbres de nos forêts : le *chêne*, le *charme*, le *hêtre*, dont le bois est dur et estimé ; le *saule*, le *peuplier*, le *bouleau*, qui donnent des bois blancs ayant beaucoup moins de valeur, et l'*aulne*, dont le bois a la pro-

1. *Labiée* vient d'un mot latin qui veut dire *lèvre*.
2. *Amentacée* dérive d'un mot latin signifiant *chaton* : les *amentacées* sont donc des plantes à *chatons*.

priété de se conserver dans l'eau. Ces plantes portent deux sortes de fleurs : les fleurs à étamines, formant une espèce d'épi tombant nommé *chaton*, *m* (*fig.* 67), qu'on voit

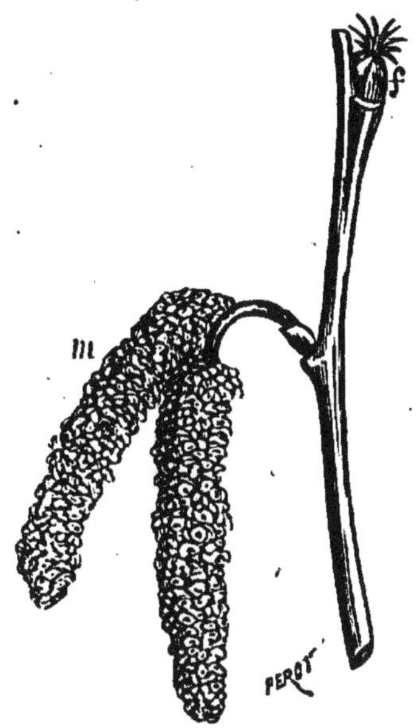


Fig. 67. — Fleur du noisetier (*amentacée*) : *m*, *chaton*, formé de fleurs à étamines; *f*, fleur à pistil.

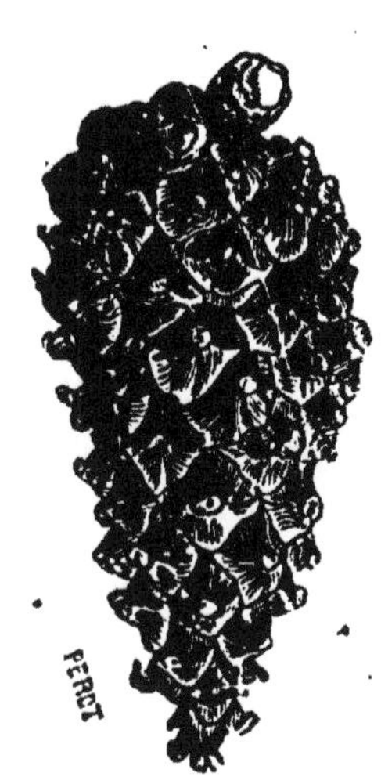


Fig. 68.
Cône du pin.

dans le noisetier vers la fin de l'hiver ; et les fleurs à pistil, ressemblant à un petit bourgeon à peine visible, *f*, d'où sortira la noisette.

**12. Conifères.** — Ces végétaux sont ainsi appelés parce qu'ils ont des fruits en forme de *cône* ou de pain de sucre (*fig.* 68). Ils sont toujours verts, attendu que leurs feuilles ne tombent pas chaque année; leur bois est résineux et très employé en menuiserie.

Les principaux sont les *pins* et les *sapins*, qui fournissent la résine et la térébenthine.

## 2° MONOCOTYLÉDONES

**13.** Cet embranchement contient peu de familles, mais l'une d'elles, celle des *graminées*, est extrêmement importante parce que les plantes qui la composent nourrissent l'homme ainsi que les animaux herbivores. Nous parlerons aussi de celle des *liliacées*.

**14. Graminées**[1]. — Elles comprennent presque toutes les céréales : *blé*, *seigle*, *orge*, *avoine*, *maïs*, *millet*,

Fig. 69. — Blé. Fig. 70. — Seigle. Fig. 71. — Orge. Fig. 72. — Avoine.

*riz*, ainsi que la plupart des herbes de nos prairies naturelles. La fleur, peu élégante, a trois étamines; la tige, qui est creuse, présente de distance en distance des nœuds pleins.

**15. Liliacées.** — Elles doivent leur nom au *lis*, dont la belle fleur, comme toutes celles de cette famille, a six pétales blancs ou colorés et un grand pistil entouré de six étamines. Elles renferment des plantes d'ornement dont les principales sont (outre le *lis*), la *tulipe* et la *jacinthe*, ainsi que des légumes tels que l'*oignon*, le *poireau*, l'*ail*, l'*échalote* et l'*asperge*.

---

1. *Graminée* dérive d'un mot latin qui veut dire *gazon*. Le gazon est une herbe appartenant à la famille des graminées.

### 3° ACOTYLÉDONES

**16.** Les principales plantes de cet embranchement sont les *fougères*, les *mousses* et les *champignons*.

Dans notre pays, les fougères sont des végétaux herbacés et vivaces, dont les feuilles sont employées comme litière pour les bestiaux.

Les mousses vivent surtout dans les bois, où elles forment un tapis vert et moelleux, qui protège contre le froid les troncs d'arbres qu'il recouvre.

Quant aux champignons, s'il y en a quelques-uns de bons, il s'en trouve beaucoup de vénéneux, qui font mourir dans des souffrances atroces.

Les *moisissures*, qu'on voit quelquefois sur les confitures, sont attribuées à des espèces de champignons microscopiques transportés par l'air. C'est aussi à des champignons que sont dus la *carie*, le *charbon* du blé, ainsi que l'*oïdium* et le *mildiou* de la vigne.

---

## Applications à l'hygiène.

### Plantes utiles. Plantes nuisibles.

SOMMAIRE. — 17. Plantes utiles. — 18. Plantes *médicinales*. — 19. Apéritives. — 20. Purgatives. — 21. Vermifuges. — 22. Fébrifuges. — 23. Pectorales. — 24. Sudorifiques. — 25. Calmantes. — 26. Emollientes. — 27. Plantes *nuisibles*. — 28. Leurs noms. — 29. Principales plantes *dangereuses* ou *vénéneuses*.

**17.** Les plantes *alimentaires*, *fourragères*, *industrielles*, sont très utiles ; il convient d'y ajouter les plantes *médicinales*, qu'on utilise en *médecine* ou simplement en hygiène.

**18.** On peut les diviser, suivant l'effet qu'elles produisent, en plantes *apéritives*, *purgatives*, *vermifuges*, *fébrifuges*, *pectorales*, *sudorifiques*, *calmantes*, *émollientes*.

**19. Plantes apéritives**. — On les appelle ainsi

parce qu'elles excitent l'*appétit*, grâce au suc amer qu'elles renferment ; les principales sont : la *pensée sauvage*, le *houblon*, la *gentiane*.

D'autres, telles que la *camomille*, la *menthe*, la *mélisse*, ont la propriété de stimuler, d'activer la digestion ; c'est pourquoi on dit qu'elles sont *stimulantes* ou *digestives* : elles s'emploient surtout en infusion.

**20. Plantes purgatives.** — Pour purger les enfants, on fait infuser deux ou trois pincées de *fleurs de pêcher* dans un demi-litre de bouillon de veau dont on fait prendre une tasse de demi heure en demi-heure. Pour les grandes personnes, on se sert de la *rhubarbe*, à raison de 2 grammes par jour, et surtout de l'*huile de ricin*, extraite des graines de ce végétal.

**21. Plantes vermifuges.** — Comme leur nom l'indique, elles sont utilisées contre les *vers*; ce sont : la *fumeterre*, l'*absinthe* et la racine d'une espèce de fougère appelée *capillaire*, qui est employée contre le ver solitaire. Quelques gousses ou têtes d'*ail*, en décoction [1] dans du lait, forment également un bon vermifuge.

**22. Plantes fébrifuges [2].** — Elles servent à combattre les *fièvres*. On emploie, en décoction, les sommités de la *petite centaurée*, qui mérite bien son nom d'*herbe à la fièvre*, et la racine de la *gentiane* à la dose de 10 grammes par litre d'eau, ainsi que les fleurs et les jeunes feuilles du *chardon bénit*, qui est également tonique, vermifuge et sudorifique. Lorsque ces remèdes ne suffisent pas, on prend la *quinine*, extraite de l'écorce du *quinquina*, arbre qui vit dans l'Amérique du Sud.

**23. Plantes pectorales [3].** — Elles sont ainsi nommées attendu qu'elles sont utilisées dans les affections de la poitrine, c'est-à-dire des poumons. On emploie le

---

1. *Décoction. Infusion.* La *décoction* consiste à faire bouillir, dans un liquide, les racines ou autres parties de certaines plantes. Pour faire une *infusion*, on verse l'eau bouillante sur les fleurs ou sur les feuilles.

2. *Fébrifuge* vient d'un mot latin qui veut dire *fièvre*.

3. *Pectoral* dérive d'un mot latin signifiant *poitrine*.

*bouillon-blanc*, vulgairement appelé *molène* (probablement parce que ses feuilles sont molles, douces au toucher), dont les fleurs donnent une tisane adoucissante et qui calme la toux ; les fleurs de *violette*, de *guimauve*, de *tilleul*, de *sureau*, et les racines de *mauve*, de *guimauve*, pour faire de la tisane contre le rhume; les feuilles sèches d'*hysope* et de *lierre terrestre :* celles de la fougère nommée *capillaire* servent à préparer un sirop pectoral adoucissant. La *bourrache* et la *pariétaire*, qu'on trouve sur les murs, donnent une tisane rafraîchissante.

**24. Plantes sudorifiques**[1]. — On utilise, surtout en décoction, les tiges de la *douce-amère ;* les fleurs de *tilleul* et de *sureau*, en infusion, sont également sudorifiques, ainsi que les feuilles et les fleurs de *bourrache*, en décoction ou en infusion.

**25. Plantes calmantes.** — Leur nom indique leurs propriétés. Les principales sont le *coquelicot*, dont on emploie les pétales, et la *valériane*, ou *herbe-aux-chats*, qui calme les irritations nerveuses. On recommande aussi l'infusion de *tilleul* et celle de fleurs de *primevère* (*coucou*).

**26. Plantes émollientes.** — Ce sont celles qui, en décoction, ou en cataplasme, *ramollissent* les parties enflammées. On se sert surtout des racines et même des feuilles de la *guimauve*, ainsi que des feuilles du *bouillon-blanc* et de la *violette*.

**27. Plantes nuisibles.** — On appelle ainsi celles qui sont préjudiciables aux végétaux utiles, aux animaux et à l'homme. Celles qui sont nuisibles à l'homme peuvent l'empoisonner : c'est pourquoi on leur donne le nom de plantes *dangereuses* ou *vénéneuses*.

**28.** Les principales sont : le *chardon*, qui est très difficile à détruire et qui se propage rapidement ; le *chiendent*, qu'on extirpe malaisément du sol qu'il a envahi, et qui fait périr les plantes avec lesquelles il se trouve ; la *nielle*, le *bleuet*, l'*ivraie*, etc.

---

1. *Sudorifique* vient du latin et signifie qui fait *suer*, c'est-à-dire qui fait sortir la *sueur*.

**29. Plantes dangereuses ou vénéneuses.** — Elles renferment un poison qui peut faire mourir si l'on ne parvient pas à l'expulser en faisant vomir le malade par tous les moyens possibles, surtout avec de l'eau tiède (ou mieux avec de l'eau salée à raison de 50 grammes de sel par litre d'eau) en attendant l'arrivée du médecin. Les principales sont : la *belladone*, dont les baies rouges tentent quelquefois les enfants, qui les prennent pour des cerises ; la *stramoine* ou *pomme épineuse*, qui sent mauvais ; la *jusquiame*, qui croît à l'état sauvage, et dont la fleur a la forme d'une clochette allongée ; la *digitale*, dont la corolle ressemble à un *doigt* de gant ; l'*aconit* (*fig.* 73), qui a de jolies fleurs bleues, et dont la racine est un petit navet qu'il faut bien se garder de manger, car c'est un violent poison.

Fig. 73. — Aconit.

Il faut ajouter la *ciguë*, que l'on reconnaît à la mauvaise odeur qu'exhalent ses feuilles et ses tiges quand on les froisse.

---

## RÉSUMÉ

1. 2. Les végétaux forment trois embranchements : les *dicotylédones*, les *monocotylédones* et les *acotylédones*. — 3. L'embranchement des dicotylédones renferme plusieurs *familles* importantes : les *légumineuses*, les *crucifères*, les *ombellifères*, les *rosacées*, les *solanées*, les *labiées*, les *composées*, les *amentacées* et les *conifères*. — 4 à 7. Les pois et les haricots, la luzerne et le trèfle, sont des légumineuses ; le chou et le navet, le colza et la giroflée, des crucifères ; la carotte et le céleri, le persil et la ciguë, des ombellifères ; le pommier et le poirier, le prunier et le pêcher, l'amandier et

le néflier, le fraisier et le rosier, des rosacées. — 8. Parmi les solanées, la pomme de terre et la tomate sont utiles, tandis que la belladone et le tabac sont nuisibles. — 9 à 12. La menthe et le serpolet, la sarriette et la mélisse, le romarin et le lamier, sont des labiées; la chicorée et la laitue, la marguerite et le chrysanthème, des composées; le noyer et le châtaignier, le chêne et le charme, le saule et le peuplier, des amentacées; les pins et les sapins, des conifères. — 13. L'embranchement des monocotylédones contient des familles peu nombreuses, mais très utiles, telles que les *graminées*, les *liliacées*, etc. — 14. 15. Les céréales (blé, seigle, orge, avoine, etc.) sont des graminées; le lis et la tulipe, l'oignon et le poireau, l'ail et l'échalote, des liliacées. — 16. L'embranchement des acotylédones comprend : les *fougères*, les *mousses* et les *champignons*. Les *moisissures* sont dues à des champignons : de même, la *carie* et le *charbon* du blé, l'*oïdium* et le *mildiou* de la vigne. = 17. Suivant leurs usages, les plantes sont : *alimentaires*, *fourragères*, *industrielles* ou *médicinales*. — 18. Les plantes médicinales sont : *apéritives*, *purgatives*, *vermifuges*, *pectorales*, *sudorifiques*, *calmantes* ou *émollientes*. — 19 à 26. Le houblon et la gentiane sont apéritives, tandis que la menthe et la mélisse sont digestives; la rhubarbe et l'huile de ricin sont purgatives; la fumeterre et l'absinthe, vermifuges; la petite centaurée et le chardon bénit, fébrifuges; le bouillon-blanc et la violette, la guimauve et le tilleul, pectorales; la douce-amère et la bourrache, sudorifiques; le coquelicot et la valériane, calmantes; la guimauve et le bouillon-blanc, émollientes. — 27. Certaines plantes sont *nuisibles*, quelques-unes même sont *vénéneuses*. — 28. 29. Le chardon et le chiendent, la nielle et le bleuet, sont nuisibles; la belladone et la jusquiame, vénéneuses.

---

## EXERCICE DE RÉDACTION

### PRÉPARATOIRE A L'EXAMEN DU CERTIFICAT D'ÉTUDES

### Classification des végétaux.

Reproduisez la leçon qui vous a été faite sur la classification des végétaux, et décrivez sommairement les principales familles en indiquant quelques-unes des plantes qu'elles renferment.

# COMPLÉMENTS

Nous avons cru devoir terminer ce petit livre par quelques notions élémentaires sur les premiers soins à donner dans les maladies les plus communes et les accidents les plus fréquents. Certaines de ces notions sont évidemment prématurées, vu l'âge des élèves à qui elles s'adressent. Mais si, comme nous l'espérons, les jeunes filles surtout conservent cet ouvrage, plus tard elles en comprendront l'utilité.

D'ailleurs, dès l'enfance, une jeune fille intelligente et instruite peut, dans sa famille, par sa douce influence, combattre bien des préjugés, dissiper bien des erreurs, et contribuer ainsi à éviter aux siens bien des fautes et des malheurs.

---

**Abcès.** — Toute collection de pus dans une cavité non naturelle est un abcès. En général, tout abcès doit être ouvert et la plaie en résultant lavée avec un liquide antiseptique. Un des abcès les plus communs est le panaris, qui est un abcès d'un doigt. Il faut le faire ouvrir de bonne heure par un médecin, car sans cela le pus finit souvent par détruire les tendons, même les os, et le doigt est alors estropié.

**Alimentation.** — L'alimentation du nouveau-né doit consister exclusivement dans le lait de sa mère. Si malheureusement celui-ci fait défaut, il faut une bonne nourrice; enfin, en troisième lieu, et en désespoir de cause, de bon lait de vache ou de chèvre. Dans ce dernier cas, pendant les premières semaines, l'enfant prendra du lait frais, réchauffé en le mélangeant par moitié avec de l'eau chaude préalablement bouillie.

Dès l'âge d'un mois, on peut donner le lait pur, chauffé au bain-marie. Vers l'âge de six mois, on peut ajouter journellement à l'alimentation lactée deux œufs frais, complètement crus.

Après l'apparition des premières dents (sans supprimer le lait, bien entendu), on ajoutera de la bouillie de farine de froment, des panades légères de pain blanc; enfin, on habituera peu à peu, avec prudence, le jeune enfant à prendre un peu de tout, prêt, au moindre dérangement intestinal à revenir à l'alimentation lactée.

En cas de diarrhée verte, vomissements, etc., outre le régime lacté exclusif, employer abondamment eau de Saint-Galmier fraîche, quelques cuillerées à café de la potion n° 27. Tenir le ventre bien chaud avec ouate ou flanelle.

L'alimentation des malades adultes ne diffère pas beaucoup de celle du petit enfant : c'est toujours du lait frais, du bouillon, de l'eau de Saint-Galmier, etc. Dans la convalescence, revenir avec prudence au régime ordinaire en suivant scrupuleusement les prescriptions du médecin.

**Aliments.** — En général, les aliments, les légumes surtout, doivent être bien cuits. Il faut excepter les œufs, les coquillages et le lait qui sont plus digestibles à l'état cru. Cependant, dans les grandes villes, il est prudent de stériliser celui-ci, vu les nombreuses altérations dont il est l'objet. On emploie aussi beaucoup, et avec succès, la pulpe crue de bœuf dans de nombreuses affections, surtout dans l'anémie et la tuberculose.

**Anémie.** — Caractérisée par la pâleur des téguments, les palpitations de cœur, la faiblesse, l'essoufflement, etc.

Une bonne hygiène, c'est-à-dire une nourriture saine, de l'exercice au grand air, des appartements bien ensoleillés et surtout la liberté des mouvements respiratoires; des vêtements chauds, amples et souples, ce qui veut dire sans le moindre corset, tels sont les meilleurs moyens de prévenir l'anémie.

Si malgré tout on en est atteint, une pincée de fer (réduit par l'hydrogène), au commencement du repas, ou une cuillerée à bouche de l'élixir n° 12.

De plus, dix minutes avant le repas, un petit verre de quinquina n° 11 : Pulpe de bœuf cru, huîtres vertes de Marennes, qui contiennent une quantité notable de fer animalisé, c'est-à-dire sous la forme la plus favorable à son assimilation. Exercice au grand air, hydrothérapie, etc...

**Angine simple.** — Caractérisée par la douleur et la sécheresse du gosier, la douleur pendant la déglutition, la rougeur et la tuméfaction des parties constituant l'isthme du gosier. Les amygdales sont ordinairement le siège principal de cette affection.

Pour la prévenir, se tenir la gorge couverte par les temps froids et humides, et les pieds chauds; faire du feu dans les chambres à coucher; éviter les courants d'air et les refroidissements brusques. Dès les premiers symptômes, bains de pieds saturés de sel, très chauds, sinapismes aux membres inférieurs, purgatifs légers. Badigeonner la partie malade avec solution concentrée d'alun, ou de chlorate de potasse : le jus de citron est aussi très efficace. Si ces moyens ne réussissent pas, et surtout si des taches blanches envahissent la gorge, appeler un médecin.

**Aphtes.** — Petites ulcérations superficielles de la bouche, s'accompagnant souvent de muguet, c'est-à-dire de granulations ou plaques blanchâtres pouvant envahir toute la bouche et même la gorge. Affection douloureuse, commune chez les enfants, chez qui elle peut gêner beaucoup l'alimentation.

Donner abondamment de l'eau de Saint-Galmier bien fraîche : laver la bouche avec solution concentrée n° 27, de chlorate de potasse, au moyen d'un pinceau de blaireau que l'on lavera et essuiera chaque fois.

Même traitement chez l'adulte, en y ajoutant journellement six cuillerées à bouche de ladite solution n° 21.

**Apoplexie** (*attaque, coup de sang*). — L'apoplexie est une hémorrhagie cérébrale; la fausse attaque est une congestion cérébrale. Dans les deux cas, il y a perte de connaissance et paralysie souvent d'un seul côté du corps.

On guérit la seconde avec des soins; mais les suites de la première durent généralement toute la vie. Dans tous les cas, en attendant le médecin il faut débarrasser le malade de tout ce qui peut gêner sa respiration, le mettre sur son séant, recouvrir la tête de compresses mouillées d'eau froide qu'on renouvellera fréquemment. Appliquer des ventouses ou des sinapismes partout où cela sera possible, principalement aux membres inférieurs. Envelopper ensuite ceux-ci de laine chaude, et les entourer de bouillottes. Aérer largement l'appartement.

**Asthme.** — Projeter vingt ou trente pincées de la poudre n° 15 sur des charbons ardents, et respirer au-dessus largement.

**Brûlures.** — Plonger, s'il est possible, la partie brûlée dans l'eau fraîche, ou, si c'est impossible, recouvrir de linges mouillés constamment rafraîchis. Cataplasmes frais de fécule de pommes de terre ou de riz détrempée avec eau de sureau.

Quand l'inflammation est un peu tombée, recouvrir avec linge fin enduit abondamment de cérat saturné et opiacé. S'il survient une mauvaise odeur, laver avec eau de sureau additionnée de quelques gouttes de coaltar saponiné.

Dans les cas graves, appeler un médecin.

**Calvitie.** — Contre la perte complète des cheveux, rien à faire. Pour leur conservation, laver la tête toutes les semaines avec une décoction concentrée de feuilles de noyer, aromatisée avec eau de Cologne.

Si les cheveux sont secs et cassants, les enduire légèrement tous les soirs avec huile de ricin aromatisée avec essence de citron.

Contre la pelade, etc., voir formule n° 21 : on lavera ensuite avec savon médicinal et eau chaude. Renouveler tous les jours.

**Cancer.** — La moindre glande suspecte doit être vue par un médecin. En effet, pour avoir des chances de guérir, il faut s'y prendre de bonne heure. Pour le prévenir, alimentation variée sans excès de viande. Beaucoup de légumes et de fruits. Eau de noyer. Liqueur de Fowler : dix gouttes par jour pour un adulte.

**Choléra. Cholérine.** — Le choléra est très rare dans nos contrées, mais la cholérine est très commune. Contre celle-ci, eau de Saint-Galmier, bouillie de froment, œufs crus. Tenir le ventre et les pieds chauds.

**Conjonctivite.** — Inflammation de la muqueuse oculaire. Laver, ou plutôt baigner les yeux plusieurs fois par jour avec eau de sureau tiède, additionnée d'un peu de borax. Si l'irritation est très vive, couvrir les yeux avec coton hydrophile.

**Contusion. Ecchymose. Bosse sanguine.** — Compresses imbibées soit d'eau de sureau tiède, soit d'eau blanche, ou d'eau-de-vie camphrée, ou de teinture d'arnica étendue d'eau.

**Convulsions.** — Généralement produites chez les enfants par la dentition. Rafraîchir la tête, faire respirer de l'éther et purger aussitôt que possible. Appeler le médecin.

**Coqueluche.** — Quintes de toux longues et pénibles, entrecoupées d'inspirations bruyantes et accompagnées d'angoisse. Mettre l'enfant sur son séant et lui faire respirer de l'éther. Sinapismes sur la poitrine et les membres inférieurs. Air sec et chaud, de même que les vêtements.

**Cors aux pieds.** — Le meilleur et même le seul moyen préventif, ce sont des chaussures larges et souples; leur usage prolongé suffit à la longue, avec quelques bains de pieds, à les faire disparaître. Extirpation.

**Dartres, eczémas, etc.** — Beaucoup d'affections de la peau ont des caractères communs, et ont pour cause générale un vice du sang : quelques-unes sont contagieuses. Quand elles s'étendent à une grande partie du corps, bains sulfureux n° 9. Si elles sont localisées, pommade n° 21.

Pour les animaux, huile de cade. Celle-ci réussit aussi aux hommes. A l'intérieur, liqueur de Fowler : dix gouttes par jour pour un adulte. Vin de quinquina n° 11. Eau de noyer toute l'année.

**Dentition** (*Première*). — Beaucoup de gastro-entérites, méningites, etc., n'ont pas d'autre cause. Si à cela on joint une mauvaise alimentation, l'enfant court de grands dangers. La tête doit être découverte la nuit, et ne jamais reposer sur la plume. L'aération de la chambre doit être parfaite; les promenades, quotidiennes. L'hiver, une bouillotte aux pieds. Combattre la constipation. Frictionner longuement et souvent les gencives enflammées avec miel n° 26. Eau de Saint-Galmier; révulsifs aux membres inférieurs.

**Dyspepsie, gastralgie, etc.** — Caractérisées par de l'inappétence, pesanteur, douleur à l'estomac, etc...

Repas bien réglés, aliments légers. Eau de Saint-Galmier. Poudre n° 13 : un paquet le matin au premier repas pour un adulte; enfin un petit verre d'élixir n° 12 après le repas.

Exercice modéré au grand air; vêtements amples. Douches ou flagellation de serviette mouillée sur l'estomac, mais après avis du médecin.

**Eczéma.** — Employer la pommade n° 21.

**Engelures.** — Enduire, matin et soir, les parties malades avec vaseline boratée. Bains tièdes de son et eau de sureau. Eviter le contact prolongé de l'eau froide.

**Entorses, foulures, luxations, fractures.** — Plonger la

partie malade dans l'eau froide ou la recouvrir de compresses rafraîchies souvent. Surtout le massage qui, pour être bien fait, doit être exécuté par un médecin.

La luxation et même les fractures sont quelquefois difficiles à distinguer d'une simple entorse : c'est pourquoi il est prudent de recourir, tout d'abord, à un médecin.

Se méfier des rebouteurs, qui ne font pas grand mal si l'on a affaire à une simple entorse, mais qui vous estropient sûrement si l'on a une luxation ou une fracture.

En attendant le médecin il faut, si l'on redoute une fracture ou une luxation, mettre le membre dans la situation la moins pénible pour le malade, et recouvrir de compresses mouillées d'eau fraîche.

**Epistaxis** (*hémorrhagie nasale*). — Renifler fortement, ou injecter eau froide vinaigrée ou saturée d'alun. Pincer le nez avec le doigt et le pouce. Enfin tamponner la narine en y enfonçant successivement un nombre suffisant de boulettes de charpie saupoudrée de poudre d'alun ou de tanin, que l'on tasse avec un petit bout de bois.

**Erysipèle.** — Toute rougeur ayant une tendance à s'étendre (accompagnée de gonflement douloureux des ganglions de la région et d'une fièvre intense), annonce ordinairement le début d'un érysipèle.

Affection sérieuse surtout à la tête. Garder le lit, observer la diète et appeler un médecin.

**Fièvre.** — Accompagne toutes les inflammations, toutes les maladies.

*Fièvre intermittente :* éviter les miasmes paludéens et la piqûre des moustiques qu'on y rencontre.

Chlorhydro-sulfate de quinine et quinquina à doses proportionnées à l'âge du malade.

Vêtements et appartements secs et chauds.

**Fièvre muqueuse, typhoïde, etc.** — Mêmes symptômes, mais plus accusés dans la typhoïde.

Inappétence, abattement, mal de tête, douleurs vagues à l'estomac et au ventre, qui est ballonné. La langue ne tarde pas à devenir d'un blanc sale, et la fièvre s'allume.

Consulter immédiatement un médecin. En attendant, diète, léger purgatif. Eau de Saint-Galmier. Aérer largement et désinfecter après la guérison. Se méfier beaucoup de la convalescence et suivre rigoureusement les prescriptions du médecin, surtout en ce qui concerne le régime alimentaire, car les rechutes sont terribles et souvent mortelles.

**Fièvres éruptives.** — Les principales sont : la rougeole, la scarlatine et la variole; précédées et accompagnées de fièvre ardente; nécessitent les conseils d'un médecin. Tout en tenant les malades au lit bien couverts, aérer largement les appartements et désinfecter après la guérison.

**Gale.** — Causée par la présence, sous l'épiderme, d'un tout petit animal très prolifique (l'acarus).

Si elle n'est pas ancienne, peut guérir dans une seule séance. Frictionner énergiquement tous les boutons avec pommade d'helmérich camphrée. Faire suivre d'un bain chaud dans lequel on se nettoiera avec du savon noir médicinal.

Si une séance n'a pas suffi, on recommence en changeant de linge chaque fois.

**Goutte.** — Maladie des riches oisifs, trop bien nourris. Débutant souvent par le gros orteil. Caractérisée par le gonflement douloureux des articulations qui finissent par se déformer et se remplir de concrétions pierreuses. Très difficile à combattre quand elle est avancée. Le meilleur, le seul moyen de la prévenir, c'est de mener une vie très active au grand air, de manger peu et de boire beaucoup d'eau.

**Grippe. Influenza.** — Rhume épidémique accompagné de fièvre, courbature, inappétence, affaiblissement général : souvent d'assez longue durée. Séjour à la chambre, boissons chaudes, inhalations avec poudre n° 15. Eviter soigneusement les refroidissements. Dans les cas sérieux, appeler un médecin.

**Haleine fétide. Ozène.** — Vient souvent des dents cariées. Les laver tous les jours avec eau tiède additionnée du dentifrice n° 10.

Pour l'ozène, injecter dans les narines, plusieurs fois par jour, décoction chaude de noyer additionnée de coaltar saponiné ou de permanganate de potasse. Priser souvent poudre n° 16. Toniques, dépuratifs.

**Hémorrhagie.** — Tout d'abord fermer la plaie, en pressant les bords en sens inverse avec les doigts; faire ensuite un pansement un peu serré. Ne jamais mettre sur la plaie des toiles d'araignées ou autres choses sales, mais de l'amadou ou autre substance bien propre. Si le sang sort par saccades, c'est qu'une artère est coupée; dans ce cas appeler immédiatement un médecin.

**Hernie.** — Toute grosseur anormale dans les aines, accompagnée de coliques, est presque certainement une hernie, et nécessite les soins d'un médecin.

Le seul remède à cette infirmité est un bandage. Quand une hernie ne veut pas rentrer malgré tous les efforts du médecin, et qu'elle est accompagnée de vomissements, il faut se résigner à une opération, qui réussit presque toujours. Autrement, c'est la mort.

**Humeurs froides. Scrofules, etc.** — Toute plaie, tout ganglion suppuré sans tendance à la guérison est appelé vulgairement *humeurs froides*. Résulte d'un tempérament faible dans de mauvaises conditions hygiéniques. Non contagieuses. Pour les combattre, air sec et ensoleillé, vêtements chauds, nourriture substantielle, toniques, etc...

Dans certaines contrées, objet de préjugés stupides et source de revenus pour les charlatans.

**Hystérie.** — Affection nerveuse presque spéciale au sexe féminin. Les symptômes varient depuis les simples vapeurs, inégalité de caractère, rires et larmes sans motifs, etc., jusqu'aux grandes crises épileptiformes. Résulte le plus souvent d'une mauvaise hygiène physique et morale.

Une nourriture saine, de l'exercice en plein air avec des vêtements souples et amples, un peu d'hydrothérapie; des occupations réglées, de bons livres au lieu de mauvais romans, vous épargneront cette affection un peu ridicule, car on peut l'éviter.

**Irritations de la peau chez les petits enfants.** — Employer, soit la pommade n° 23, soit la poudre n° 24 ou n° 25.

**Migraine.** — Résulte souvent d'une mauvaise digestion. Provoquée chez certaines personnes par le moindre trouble dans leurs habitudes. Etudier les causes et les supprimer.

**Névralgie.** — Douleur persistante dans un nerf quelconque, sans cause bien connue. D'origine souvent rhumatismale. Envelopper la partie douloureuse de coton hydrophile. Si cela ne suffit pas, employer le liniment n° 14 à chaud, en frictions ou en applications avec flanelle chaude imprégnée du dit liniment. Douches froides ou chaudes dans les cas rebelles, vésicatoires, pointes de feu, etc., mais sous la direction d'un médecin.

**Oreille (douleur d') ou otalgie.** — Introduire dans l'oreille, le soir, une boulette de coton hydrophile imbibée du mélange chaud n° 18. Faire, le lendemain, une injection d'eau de sureau chaude.

**Otite.** — Inflammation de l'intérieur de l'oreille. Le soir, tampon de coton hydrophile imbibé de glycérine n° 18, et le matin, injection d'eau de sureau chaude.

**Phtisie.** — Veut dire épuisement. La plus commune et la plus redoutable est la phtisie pulmonaire, ainsi nommée parce que les lésions principales s'observent dans l'appareil pulmonaire.

Causée le plus souvent par une mauvaise hygiène. Le meilleur moyen de l'éviter est donc de mettre en pratique les conseils répandus dans cet ouvrage; surtout, ne pas se serrer, de façon à laisser aux poumons toute leur liberté.

**Plaies.** — Toute plaie, pour guérir, doit être très propre : aussi toutes les fois que l'on a lieu de craindre une infection quelconque, il faut la laver soigneusement avec de l'eau bien propre additionnée d'un peu de borax ou d'alcool.

Si la plaie est peu importante et siège à un doigt, par exemple, quelques tours d'une bande de papier gommé constituent un pansement très propre et très solide. Si la plaie est produite par une vipère, il faut lier le membre, si possible, entre la plaie et le cœur; élargir la plaie et faire saigner abondamment, même en pratiquant la succion : si l'on n'a pas de plaie à la bouche, on ne court aucun danger.

Si la plaie est produite par un animal enragé, il faut, le plus tôt possible, cautériser la plaie profondément, dans tous les sens avec un fer rougi à blanc. C'est le seul moyen certain, mais un médecin seul aura le sang-froid nécessaire pour une telle opération.

Si l'on n'a pu pratiquer cette cautérisation dans les quatre ou cinq heures après l'accident, on peut se rendre à un institut Pasteur. Contre la rage déclarée, il n'y a pas de remède.

**Pleurésie.** — Inflammation de l'enveloppe du poumon.

Généralement produite par un refroidissement. Caractérisée au début par une douleur très vive dans le côté atteint. Sinapismes sur l'endroit douloureux, ventouses, etc. Appeler un médecin.

**Pneumonie.** — Inflammation de la substance même du poumon. Il y a également et ordinairement douleur de côté; mais la fièvre est plus forte que dans la pleurésie et l'oppression est généralement plus considérable. Sinapismes, ventouses sur le côté malade et aux membres inférieurs. Infusions chaudes.

Le malade sera presque assis dans son lit, une bouillotte aux pieds. La chambre sera chauffée si la température l'exige, mais elle sera néanmoins aérée. Affection toujours grave. Appeler un médecin le plus tôt possible.

**Rhumatismes.** — Résultat ordinaire de refroidissements répétés et prolongés. Appartements ensoleillés, secs et chauds. Vêtements de laine. Chaussures à semelles de bois dans la saison humide. Enveloppement des parties atteintes avec coton hydrophile ou lainages chauffés et fréquemment renouvelés. Frictions avec liniment n° 14 ou applications de teinture d'iode ou de coton iodé. Bains sulfureux, purgatifs, sudorifiques, hydrothérapie, etc. Mais tout ceci demande l'intervention d'un médecin.

**Rhume de cerveau ou coryza.** — Priser, plusieurs fois par jour, la poudre n° 16.

**Surdité.** — Dans les cas simples, il suffira d'introduire dans l'oreille, le soir, un tampon imbibé de glycérine chaude et de pratiquer, le lendemain matin, une irrigation chaude avec eau de sureau.

**Syncope.** — Donner de l'air et de l'aisance aux vêtements; flageller le visage avec le coin d'une serviette imbibée d'eau froide. Faire respirer du vinaigre, titiller l'intérieur des narines avec les barbes d'une plume. Sinapismes aux membres inférieurs.

**Tuberculose.** — Parmi les maladies qui déciment la population, la *tuberculose* est une des plus fréquentes et des plus redoutables. C'est une déchéance physique, et il n'est pas de meilleur moyen de s'en préserver que d'observer toutes les règles de l'hygiène. De plus, comme elle est contagieuse, il faut prendre toutes les mesures possibles pour empêcher la propagation. Bien aérer la chambre du malade; le faire cracher sur du sable imprégné d'une forte solution de sublimé (2 p. 1 000). Après la maladie, désinfecter l'appartement et tous les objets ayant servi au malade. Détruire les mouchoirs de poche, et, en général, tout le linge de corps.

**Ulcère.** — Plaie superficielle ayant peu de tendance à guérir. Les plus tenaces sont ceux qui sont accompagnés de varices et siègent aux membres inférieurs. Dans ce dernier cas, la première condition pour guérir est le repos au lit jusqu'à complète cicatrisation. Laver avec décoction chaude de feuilles de noyer additionnée d'un peu de coaltar saponiné. Saupoudrer avec poudre n° 22.

**Vers.** — Il en existe trois espèces principales : les *oxyures*, les *lombrics* et le *ténia* ou *ver solitaire*. Les premiers, tout petits, incommodent souvent beaucoup les enfants par les démangeaisons insupportables qu'ils provoquent. Lavement, le soir, avec un verre d'eau froide dans lequel on aura broyé une forte gousse d'ail cru. Le matin, au premier déjeuner, pain frotté d'ail cru. Pour les lombrics, vers blancs de la longueur et de la grosseur des vers de terre : une forte pincée, pendant quelques matins à jeun, de semen-contra couvert de sucre. Contre le ténia ou ver solitaire, prendre 60 grammes de pâte fine de semences de citrouille crues, à jeun, et deux heures après 40 ou 50 grammes d'huile de ricin. S'assurer si la tête est expulsée.

**Vomissements.** — Quand ils sont le résultat d'une indigestion, les favoriser avec du thé léger, chaud. S'ils surviennent sans causes appréciables et qu'ils deviennent fatigants et même dangereux, les combattre par des boissons glacées gazeuses, en petite quantité. Potion de Rivière. Révulsifs sur l'estomac. Enfin consulter un médecin.

# FORMULES RECOMMANDÉES

## ANTISEPTIQUES

1. Borax en solution concentrée.

2. Alun en solution concentrée.

3. { Bichlorure de mercure, 0gr,50 pour un litre d'eau bouillie.
Sel marin, 5 gr. pour un litre d'eau bouillie.

4. Permanganate de potasse, 2 gr. pour un litre d'eau bouillie.

Très bon antiseptique; a l'inconvénient de tacher le linge.

5. Alcool pur ou étendu d'eau bouillie.

6. Eau de Cologne pure ou étendue d'eau bouillie.

7. { Camphre : 25 gr.
Eau-de-vie : un litre, font un litre d'eau-de-vie camphrée.

8. { Ammoniaque liquide, 60 gr.
Eau-de-vie camphrée, 40 gr.
Sel marin, 20 gr.
Eau, 900 gr.

Pour un litre d'eau sédative.

## FORMULES DIVERSES

### 9. Bains sulfureux.

Polysulfure de potassium, 100 gr.
Pour un bain complet.

### 10. Dentifrice.

Eau de Botot.......... 100 gr.
Menthol............... 1 gr.
Salol................. 1 gr.

Pur sur les gencives, les raffermit, et consolide les dents. Quelques gouttes dans un demi-verre d'eau tiède parfument la bouche.

### 11. Vin de quinquina.

Teinture de quinquina... 40 gr.
Teinture de coca........ 20 gr.
Teinture de cannelle...... 2 gr.
Sirop d'écorces d'oranges. 150 gr.

Dans un litre de bon vin rouge, fait un excellent vin de quinquina.

A prendre un petit verre avant le repas.

Nota. — Ne pas le filtrer; l'agiter avant de s'en servir.

### 12. Elixir ferrugineux.

Citrate de fer ammoniacal 20 gr.
Eau-de-vie............. 100 gr.
Sirop d'écorces d'oranges. 200 gr.
Vin de Malaga........... 700 gr.

Une cuillerée à bouche après le repas. Contre l'anémie.

### 13. Antidyspeptique.

Rhubarbe................ 1gr. »
Noix vomique............ 0gr,50
Anis.. ................. 0gr,25

En poudre fine, en 10 paquets; un paquet le matin au commencement du repas. (Dose pour un adulte.)

### 14. Liniment antinévralgique.

Essence de térébenthine.. 100 gr.
Huile camphrée......... 100 gr.
Menthol............ .... 10 gr.
Salicylate de méthyle... 10 gr.

### 15. Contre l'asthme.

Camphre........... } åå[1] 50 gr.
Nitrate de potasse... } en poudre.

### 16. Contre le coryza
(rhume de cerveau).

Camphre............... 20 gr.
Menthol............... 1 gr.
Acide borique............ 5 gr.

### 17. Huile camphrée.

Camphre............... 10 gr.
Huile d'olive........... 100 gr.

### 18. Otalgie (douleur d'oreille).

Glycérine.............. 60gr. »
Extrait de jusquiame.... 0gr,15

### 19. Sinapismes.

Saupoudrer de poudre de moutarde un cataplasme mince, chaud, ou un linge mouillé d'eau chaude.

### 20. Cataplasmes.

Les feuilles de mauves ou de guimauves, réduites en bouillie par la coction, employées entre deux linges minces, constituent d'excellents cataplasmes, dont l'usage, même prolongé, n'occasionne pas, aussi facilement que ceux de farine de lin, des éruptions furonculeuses.

### 21. Contre l'eczéma.

*Pommade avec :*

Oxyde de zinc porphyrisé. 20gr. »
Précipité blanc......... 3gr. »
Sous-acétate de plomb.... 3gr. »
Camphre............... 3gr. »
Morphine.............. 0gr,20
Vaseline............... 60gr. »

### 22. *Id.*

*Poudre avec :*

Oxyde de zinc........... 40gr. »
Précipité blanc.......... 2gr. »
Sous-acétate de plomb... 2gr. »
Morphine............... 0gr,20
Porphyrisé.

### 23. Contre les irritations de la peau chez les petits enfants.

*Pommade avec :*

Vaseline............... 60 gr.
Borax.................. 3 gr.

### 24. *Id.*

*Poudre avec :*

Talc de Venise....... } åå 50 gr.
Poudre de riz........ }

### 25. *Id.*

ou :

Bismuth................ 20 gr.
Amidon................. 60 gr.
En poudre fine.

### 26. Dentition difficile.

Miel rosat.............. 30gr. »
Chlorhydrate de cocaïne.. 0gr,05
Bromure de potassium... 1gr. »

### 27. Diarrhée. Inflammations de la bouche.

Chlorate de potasse...... 10 gr.
Sirop de fleurs d'oranger. 75 gr.
Eau de tilleul........... 125 gr.
5 ou 6 cuillerées à bouche, par jour, pour les adultes.
5 ou 6 cuillerées à café pour les enfants au-dessus de deux ans.

---

1. *åå* signifie : par parties égales, c'est-à-dire 25 grammes de camphre et 25 grammes de nitrate de potasse.

# TABLE DES MATIÈRES

## PREMIER SEMESTRE

## SCIENCES PHYSIQUES

## PREMIÈRE PARTIE

# HISTOIRE NATURELLE

## DEUXIÈME PARTIE

### L'homme. Les animaux.

# TROISIÈME PARTIE

## Les minéraux.



# DEUXIÈME SEMESTRE

# QUATRIÈME PARTIE

## Les végétaux.

## COMPLÉMENTS



## FORMULES RECOMMANDÉES





SAINT-CLOUD. — IMPRIMERIE BELIN FRÈRES.

**MÊME LIBRAIRIE**

*Envoi franco au reçu du prix en un mandat-poste.*

---

COURS

# DE GÉOGRAPHIE MÉTHODIQUE

## LA FRANCE ET SES COLONIES

*Les cinq parties du monde*

---

**Sommaires — Lectures — Cartes — Questionnaires**

A L'USAGE

**des écoles primaires et des classes élémentaires des lycées et collèges**

PAR

**M. L. LANIER**

INSPECTEUR DE L'ACADÉMIE DE PARIS

**M. C. ROGEAUX**

DIRECTEUR D'ÉCOLE COMMUNALE A LILLE
OFFICIER DE L'INSTRUCTION PUBLIQUE

**M. A. LABORDE**

AGRÉGÉ DE L'UNIVERSITÉ
DIRECTEUR DU PETIT LYCÉE DE CLERMONT-FERRAND

---

**Leçons préparatoires,** contenant 14 cartes coloriées en regard du texte, 16 gravures en couleur, 16 gravures en noir, 23 entretiens géographiques et des questionnaires. 1 vol. de 19cm sur 23, cart. . . . . . . . . . » 75 c.

**Cours élémentaire,** contenant 38 cartes coloriées en regard du texte, 24 gravures, 67 lectures géographiques et des questionnaires. 1 vol. de 19cm sur 23, cart . . . . . . 1 fr. »

**Cours du certificat d'études primaires,** contenant 63 cartes coloriées en regard du texte, 103 lectures géographiques, de nombreux questionnaires, devoirs de rédaction et exercices cartographiques. 1 vol. de 19cm sur 23, cart. . . . . . . . . 1 fr. 50 c.

---

## Les 87 départements de la France

contenant pour chaque département la topographie, les chemins de fer, les canaux, les centres de production, les villes industrielles, les lieux historiques et un croquis géologique pour l'étude des terrains, avec texte explicatif en regard sur les produits agricoles ou manufacturiers, les personnages célèbres, la géologie, etc.

Prix de chaque département. . . . . . . . . . 5 centimes.

Cette publication est le complément indispensable de l'enseignement de la géographie de la France et répond aux instructions ministérielles qui prescrivent l'étude particulière de la géographie du département.

www.ingramcontent.com/pod-product-compliance
Ingram Content Group UK Ltd.
Pitfield, Milton Keynes, MK11 3LW, UK
UKHW020324230726
13925UKWH00002B/610